U0207288

中国西南岩溶山地石漠化演变理论与案例研究

李阳兵 等 著

科学出版社

北京

内 容 简 介

石漠化是中国西南岩溶山地严重的土地退化结果，本书构建了喀斯特石漠化发生、发展与转型演变的理论研究框架，并以西南岩溶山地脆弱生境典型区县和典型流域作为研究案例，基于研究区遥感影像资料、局部地区高精度影像及野外踏勘实测数据等长时间序列数据源，深入探讨了石漠化评价方法及其长期演变趋势；在反映案例区石漠化时空演变特征的同时，揭示了社会经济背景转型与石漠化转型演变的耦合关系，探讨了乡村振兴战略下的石漠化治理转型。

本书可供地理学、资源与环境科学、生态恢复学、土地规划学和地理信息科学等学科的研究人员以及高等院校相关专业师生参考阅读。

图书在版编目（CIP）数据

中国西南岩溶山地石漠化演变理论与案例研究／李阳兵等著. —北京：科学出版社，2020.6

ISBN 978-7-03-065091-7

Ⅰ.①中… Ⅱ.①李… Ⅲ.①岩溶地貌–沙漠化–演变–案例–西南地区 Ⅳ.①P942.707.3

中国版本图书馆 CIP 数据核字（2020）第 082201 号

责任编辑：林　剑／责任校对：樊雅琼
责任印制：吴兆东／封面设计：无极书装

科学出版社 出版
北京东黄城根北街 16 号
邮政编码：100717
http://www.sciencep.com

北京虎彩文化传播有限公司 印刷
科学出版社发行　各地新华书店经销

*

2020 年 6 月第 一 版　　开本：787×1092　1/16
2020 年 6 月第一次印刷　　印张：15
字数：360 000

定价：180.00 元
（如有印装质量问题，我社负责调换）

本书撰写人员

（排名顺序不分先后）

第1章　　李阳兵　罗光杰

第2章　　李阳兵　黄　娟

第3章　　李阳兵　罗光杰

第4章　　李阳兵　白晓永

第5章　　李阳兵　白晓永

第6章　　李阳兵　白晓永

第7章　　李阳兵　谢宇轩

第8章　　李阳兵　罗光杰

第9章　　李阳兵　谢宇轩

第10章　　李阳兵　谢宇轩　黄　娟

第11章　　李阳兵　白晓永

前　　言

岩溶生态系统是典型的脆弱生态系统。石漠化以岩溶生态系统脆弱的生态地质环境为基础，以强烈的人类活动为驱动力，以土地生产力退化为本质，以出现类似荒漠景观为标志，是中国西南岩溶山地所发生的严峻生态问题。因此，系统梳理、探讨石漠化的由来、概念以及演变，构建耦合自然、人文驱动因素的喀斯特石漠化形成系统模型，从长时间尺度揭示中国西南岩溶山地石漠化在多重背景下的发生、发展与多样性演变过程，对西南岩溶山地生态建设和石漠化土地整治、乡村土地利用规划和整理及揭示人地关系变迁等具有重要意义。

贵州是中国西南岩溶山地分布的中心，岩溶出露面积约占全省面积的63.1%，石漠化也相对严重。本书选择贵州岩溶山地的典型区域，基于高精度的遥感影像和实地调查，以贵州省岩溶山地不同地貌类型等的石漠化时空演变为研究对象，深入探讨石漠化评价方法及其长期演变趋势；在反映案例区石漠化时空演变特征的同时，揭示社会经济背景转型与石漠化转型演变的耦合关系，探讨乡村振兴战略下的石漠化治理转型。本研究的目的在于用新的研究思路，较为全面、深入地揭示西南岩溶山地石漠化时空演变的复杂性、阶段性与多样性等特点，对岩溶山地石漠化治理等提出新思考。本书理论与实践相结合，提出了对石漠化概念的新认识，构建了石漠化发生–发展演变理论，揭示了石漠化演变的转型现象，提出了峰丛洼地石漠化景观演变模式。研究结果将为西南岩溶山地乡村生态建设、乡村振兴与发展和全面建设小康社会提供理论参考。

本书得到国家重点研发计划项目（2016YFC0502300）、国家自然科学基金项目（41461020、41261045）和教育部新世纪人才计划（NCET-05-0819）等的资助，同时也得到贵州师范大学地理与环境科学学院和贵州省流域地理国情监测重点实验室的大力支持，借此机会表示感谢！在本书写作过程中，引用和参阅了大量国内外学者的相关论著，已将参考文献列于各章末；中国科学院地球化学研究所王世杰研究员对本书的撰写提出了许多建设性意见，中国科学院地球化学研究所刘秀明研究员、程安云高级工程师，北京大学蔡运龙教授，贵州师范大学熊康宁教授、周忠发教授和西南大学蒋勇军教授等也给予了颇多宝贵意见，硕士研究生王权、王萌萌、李珊珊等参与了部分数据的整理和分析，在此一并表示诚挚的谢意！由于作者水平有限，书中不足之处在所难免，敬请各位专家和读者批评指正。

李阳兵等

2020 年 1 月于贵阳

目　　录

第1章 岩溶生态系统

本章将系统梳理岩溶生态系统的脆弱性特征，并在对比全球典型岩溶生态系统的基础上，进一步揭示中国西南岩溶山地生态系统特点，这有助于分析自然背景和人为干扰在岩溶生态系统退化和恢复中的作用，为揭示中国西南岩溶山地石漠化景观演变过程和促进生态建设提供参考。

1.1 岩溶生态系统的脆弱性

1.1.1 岩溶生态系统定义

喀斯特（Karst）最初有三种含义：石头、裸露的地面和南斯拉夫与意大利边境特里斯特附近整个地区的地名。经历了上百年的历史和不断深入的研究使得喀斯特的内涵发生了深刻的变化，喀斯特已从原来的地理名词（区域名称）变为既是一个自然科学的名词，也是一类学科的集合名称，同时还是对生态环境状态的一种表述。袁道先把岩溶生态系统定义为"受岩溶环境制约的生态系统"（袁道先，2001），其内涵既包括岩溶环境如何影响生命，也包括生命对岩溶环境的反作用。岩溶环境中的可溶岩富钙、偏碱性、土壤贫瘠、双层结构、水源漏失及地下空间无光、相对恒温、潮湿等特殊条件造成地表植被石生、旱生、喜钙的生态特征和以缺乏色素、视觉退化、长触角及以硫循环为基础的非光合作用的生态系统。岩溶生态系统也对人类健康有特殊影响。目前，在对喀斯特生态系统的认识过程中，不仅要考虑自然属性，而且要把人文干扰列入影响其演化的重要因素中（李玉辉，2000）。因此，我们认为岩溶生态系统除代表受岩溶环境制约的特定的生态系统类型外，也代表受岩溶环境制约的特定的区域或地方。

由于强烈的岩溶作用，中国西南岩溶山地地质地貌、水文、土壤、植被等存在不稳定性、敏感性，表现为潜在的基底性脆弱；从广义和景观角度看，中国西南岩溶山地生态系统是一个典型的多种基质、多层次的景观生态过渡带，即高原与四周过渡的斜坡地带，形成界面性脆弱；在时间序列上，气候要素、水资源量、植被盖度、土地生产力等在季节间、年际间变化大，导致波动性脆弱（李阳兵等，2002）。基底性脆弱、界面性脆弱和波动性脆弱相互叠加，使岩溶山地表现出敏感性强、恢复力弱、易发生明显退化的自然背景特征。喀斯特景观因其特殊的生态背景有别于其他生态环境，对其上发育的土壤和生长的植被产生深刻的影响，使土壤的剖面形态、理化性质、植被组成、外貌、结构等都不同于地带性的土壤和植被，从而构成非地带性的隐域土和隐域植被。

1.1.2　岩溶生态系统脆弱性

自 Legrand 1973 年在美国 *Science* 杂志上发文指出喀斯特地区地面塌陷、森林退化、旱涝灾害、原生环境中的水质等生态环境问题以来（Legrand，1973），岩溶生态系统脆弱性问题受到世界各国的普遍关注（Ford and Williams，1989；John，1991）。1983 年 5 月，美国科学促进会等 149 届年会安排了"喀斯特环境问题专题讨论"，并将喀斯特环境列为一种脆弱的环境；1983 年 9 月，贵州省环境科学学会召开"贵州喀斯特环境问题"学术讨论会（袁道先，1997）。

特殊的地质背景与生态环境叠加强烈的人类活动，导致中国西南喀斯特地区生态系统呈现显著的脆弱性特征（侯文娟等，2016）。岩溶环境系统由五个基本部分组成，即可溶性岩及其风化残余的土壤、岩溶形态、岩溶水文系统、岩溶地区的地表地下空气层、岩溶生物群（袁道先，1988）。同非岩溶地区相比，岩溶环境系统有两个基本的特点：一是从地球化学角度讲，它是一种富钙的碳酸盐三相平衡的环境；二是其大气圈、水圈和生物圈都具有地表地下双层结构（图 1.1）。碳酸盐岩作为可溶岩，被赋予了岩溶关键带在结构上及物质循环过程中的岩石圈-生物圈相互作用等方面的若干特殊性（曹建华等，2018）。水、土壤和植被是岩溶生境中对干扰最为敏感的自然要素，故对此进行详细讨论。

1.1.2.1　水文特征

西南地区陆壳间歇性隆升、刚性的碳酸盐岩的变形和裂隙发育、碳酸盐岩本身的溶解性，使得岩溶地区地表水文网出现一系列特殊的变化，水循环形成一种特殊的地表地下二元径流系统格局，水环境具有脆弱性特征。以峰丛洼地和峰丛盆地为主的岩溶山区，地形崎岖不平，地表破碎，漏斗、溶洞、溶隙、溶洼及地下河广为分布（图 1.2），地表水渗漏严重。由丰沛雨量补给的地表水不易拦集、储蓄，常由漏斗、溶隙等渗漏补给埋深不一、分布散乱的地下河。地高水低、雨多地漏、石多土少和土薄易旱，致使雨量丰沛的西南岩溶山区成为特殊干旱缺水区。这种水文格局一方面易使地表生境干旱缺水；另一方面，由于各地段地下管网的通畅性差异很大，一遇大雨又很容易在低洼处堵塞造成局部涝

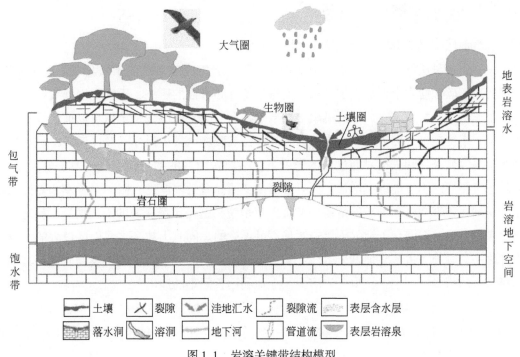

图 1.1 岩溶关键带结构模型

资料来源：吴泽燕等，2019

灾；尤其是表层岩溶带具有特殊的地表、地下双重水文地质结构，导致表层岩溶带对污染极其敏感（邹胜章等，2005）。这实质上是岩溶地区环境承灾的阈值弹性小、生态环境脆弱的反映，这种不利的自然条件不仅长时间制约着岩溶地区经济快速增长，也是当前开发岩溶地区所面临的关键性难题。如何在保护生态环境的前提下，以有限的水资源支撑更多的人口和更大的经济规模，是具体实施岩溶地区大开发所面临并必须解决的重要问题。

图 1.2 岩溶地区出露的地下河

1.1.2.2 土壤资源的脆弱性

岩溶地区土壤资源的脆弱性体现在以下几方面。

一是成土母质特性决定了在人类活动尺度下，岩溶生态系统的土壤具有不可再生性，即脆弱性。碳酸盐岩上覆红土层的来源受自然条件和岩性的影响，不管是溶蚀残积成土还是上覆非碳酸盐岩成土，目前所见碳酸盐岩台地上的红土层应该是全新世以前形成的，也很难早于中更新世，因为更早的岩溶形态基本已被破坏而很少保存下来（李兴中，2001）。在目前的气候条件和人类时间尺度的影响下，喀斯特山区的物理侵蚀速率大于成土速率，区域土壤层厚度不可能继续增加，而只会逐渐变薄。对土壤厚度有限、种子库和养分仅存于土壤剖面顶部 20~30mm 的喀斯特贫瘠土壤来说，这是土壤资源的永久损失，从这个意义上来看，岩溶石漠化土地的土壤资源是不可再生的。同时土被是岩溶山区最大的水分储存库之一，其损失也必将加剧岩溶性干旱。上述特点是碳酸盐岩地区土壤脆弱性与其他岩石类型区的根本区别之一，也是岩溶山区土地利用较困难的原因。

二是允许侵蚀量低。例如，广西岩溶区侵蚀模数为 256.5t/（km^2·a）（柴宗新，1989），土壤允许流失量为 68t/（km^2·a）；滇东南峰丛山区侵蚀模数为 380t/（km^2·a），土壤允许流失量为 46t/（km^2·a）（陈晓平，1997）。

三是区域土层处于负增长状态。以红枫湖流域为例，碳酸盐岩风化残留物的成土速率仅为物理侵蚀速率的 1/3（白占国和万国江，1998），这是碳酸盐岩与其他岩类出露区域物理侵蚀的重要差别。岩溶环境中，尽管土壤元素背景值较高，但由于具有高的裂隙率，降雨过程中雨水淋溶作用可造成土壤中水溶性元素流失，植物的生长与发育受到影响并加剧石漠化进程（何寻阳和李强，2005）。

四是短距离"土层丢失"现象普遍存在。岩溶区特殊的水文地质条件决定了厚层连续的风化壳只能发育在地下水以水平作用方式为主的地区（李德文等，2001），在地下水以垂向作用为主的地区，地表只能出现不连续的薄层有机土（图1.3）。

图 1.3　石灰岩坡地土壤剖面

1.1.2.3 植被特征

岩溶山区普遍具有生境基岩裸露、土层浅薄、水分下渗严重、生境保水性差、基质土壤和水等环境富钙的生态特征（屠玉麟和杨军，1995）。岩溶生境的这一特征对植物种类成分有强烈的选择性，植物种属大多革质化、石生、耐旱、细长并以喜钙、嗜钙为主要特征；具有发达而强壮的根系，能攀附岩石、穿窜裂隙，在裂隙土壤、土壤水、岩溶水中获得水分和养分；具有较小的叶面积和比根长度，较大的叶干物质含量和叶组织密度等一系列有利于减小蒸腾和储存养分的功能性状组合，以适应干旱贫瘠的喀斯特环境（钟巧连等，2018）。限于严酷的石灰岩山地条件，树木胸径、树高的生长具有速率慢、绝对生长量小，但生长量稳定、波动较小，以及种间、个体间生长过程差异较大的特点（朱守谦，1997），如茂兰岩溶森林的生物量既低于水热条件相似的亚热带人工林与原生亚热带常绿阔叶林，又低于较高纬度的寒温带针阔混交林和亚高山针叶林（表1.1）。岩溶森林是一种很典型的地形-土壤演替顶极（图1.4），其属性取决于坡度、坡位、坡向、土层厚度、土壤水分等限制因子（屠玉麟，1989），土壤条件对岩溶森林群落生物量的控制作用，远大于气候条件（杨汉奎和程仕泽，1991）。植被一旦破坏，如果附近没有种源存在，要想依靠土壤种子库中的种子来恢复森林植被是很困难的，只能恢复成草坡或早期灌丛植被（刘济明，1997）。因此，与亚热带的其他植被类型相比，岩溶生态系统更为脆弱，抵抗外界干扰的能力更差，林隙的密度和面积也更大（龙翠玲等，2005）。

表 1.1　喀斯特生态系统生产力与其他森林的比较　　　　（单位：t/hm^2）

地点	经纬度	生产力构成				资料来源
		乔木层	灌木层	草本层	合计	
茂兰常绿落叶林	108°E，25°N	坡地：164.07	3.53	0.42	168.02	朱守谦，1995
		山脊：102.08				
		漏斗：147.74				
茂兰常绿落叶林	108°E，25°N	89.20	5.75	0.28	95.23	杨汉奎，1991
湖南会同杉木林	101°E，24°N	274.90	13.20	3.50	291.60	邓士坚，1988
贵州中部灌丛			24.56~45.67			屠玉麟，1995
哀牢山木果石栎林	110°E，27°N	348.70	6.32	0.66	355.68	邱学忠，1984
长白山阔叶红松林	128°E，42°N	275.70				李文华等，1981
长白山云、冷杉林	128°E，42°N	242.60				

图 1.4   茂兰喀斯特森林

1.1.2.4   水、土、植物相互作用过程的脆弱性

岩溶生态系统的土壤、水文过程决定了植被－土壤双层结构不发育，只有植被单层结构，如以石面、石沟、石缝面积的比例代表岩石的裸露率，茂兰岩溶森林小生境岩石裸露率为 42.51%~98.05%，平均为 89.86%，石面石沟型和石面型是该地区最普遍的组合类型（朱守谦等，2003）。岩溶森林－土壤层是维系生态环境良性循环的第一要素，植被一旦遭受破坏，即导致生态链物质、能量交换平衡失调，正反馈良性效应中断。由于植被系统的丧失，肥沃、湿润、阴暗生境逐渐向着干旱化生境发展。主要表现在水分的储存量减少、储存时间缩短（Perrin et al.，2003），水分散失量大、速度快，温度变化幅度加剧等方面，形成了土少、水少、石多、干旱的严酷生境。土壤侵蚀、基岩大面积裸露的石漠化过程，其实质是岩溶生态系统土壤－植被相互反馈的生物地球化学循环过程中断，是土壤生态功能退化造成的生态系统和岩溶地球化学系统的退化（潘根兴等，1999），岩溶山区因缺失土壤而表现出环境脆弱性。

近几年来学者已逐步认识到地质背景对岩溶生态系统的控制作用。以岩性为例，石灰岩和白云岩两者的岩性差异决定了石灰岩分布区与白云岩分布区在岩石裂隙发育程度、岩石风化作用方式、地上地下二元水文结构、土壤分布、土层厚度、表层岩溶带的水文特点及小生境分布和生态结构等方面都有差异，两者的溶蚀残余物在地表具有不同的堆积和丢失方式，因此岩性基底与石漠化的发生、发育存在着较为密切的联系（李瑞玲等，2003）。实际上岩溶生态系统各圈层可能发生着地质地貌组合→水文土壤组合→植被和小生境组合结构的作用过程，不同组合结构的岩溶生态系统具有特殊的功能，其本底稳定性与脆弱性各异，从而形成不同区域岩溶生态系统及生境类型的多样性。

1.1.2.5 展望

今后应针对西南喀斯特独特的地质背景和地上地下二元水文结构，将喀斯特生态系统结构（物种多样性、植被覆盖度等）、功能（物质循环、能量流动等）、生境（气候环境、土壤理化条件等）纳入生态系统脆弱性研究的统一框架下，结合人与环境相互作用的影响进行综合研究。加强阐释在长期的人类干扰和气候变化影响下，喀斯特生态系统的适应机制研究，揭示不同石漠化程度下的生态系统结构、功能与生境特征、变异机制（侯文娟等，2016），充分考虑地球关键带岩石-土壤-植被-大气相互作用，提出适合不同岩性的植被恢复措施（刘鸿雁等，2019），推动喀斯特石漠化地区生态系统的恢复重建。

1.2 世界上典型的岩溶生态系统

1.2.1 全球岩溶生态系统的空间分布

从全球碳酸盐岩岩溶分布看，在北回归线附近，有一条由中国碳酸盐岩堆积区向西、经中东到地中海的碳酸盐岩分布带，并与大西洋西岸隔海相望（李朝君等，2019）。全世界岩溶分布面积达 2200 万 km^2，约占陆地面积的 15%，全世界约有 25% 的人口饮用岩溶水，而生活在岩溶地区的 10 亿人口的生活水平都低于平原地区和沿海地区（袁道先，2008）。

1.2.2 全球典型岩溶生态系统

国际岩溶对比表明（袁道先，2001），在世界上具有不同生态地质环境背景的喀斯特地区，喀斯特系统与人类活动相互作用的环境效应是极不相同的。例如，地表地下双层结构，富钙的偏碱性环境，在亚热带季风区、地中海地区，常因水土流失、土壤贫瘠，形成对农业发展很不利的生态系统。但在北方生态区，地下岩溶发育有利于排除沼泽地区过多积水，偏碱性的碳酸盐岩也有利于中和酸性环境，如在俄罗斯乌拉尔的彼尔姆（Perm）地区，凡是岩溶发育的地方，都成为主要农业基地。

地中海及中国大陆古老坚硬的碳酸盐岩，孔隙度小、持水性差，常常是造成不利的水文生态条件的主要原因之一；而在东南亚、美国东南部和中美洲广泛分布的第三系大孔隙性（16%~44%）碳酸盐岩，其造成的水文生态问题并不像中国南方那样突出。岩溶地区的植被，常常是涵养水分、改善水文生态环境的重要因素，但在澳大利亚广泛分布的桉树，则以其强烈的蒸发作用，而被用于降低地下水位，防治土壤盐碱化（袁道先，2001）。

在中国西南喀斯特地区，特定的地质演化过程奠定了脆弱的环境背景。以挤压为主的中生代燕山构造运动使西南地区普遍发生褶皱作用，形成高低起伏的碳酸盐岩基岩面；以升降为主、叠加在此之上的新生代喜马拉雅运动塑造了现代陡峻而破碎的喀斯特高原地貌景观，由此产生较大的地表切割度和地形坡度，为水土流失提供了动力潜能；从震旦系到三叠系在该区沉积了巨厚的碳酸盐岩地层，为喀斯特石漠化的发生提供了物质基础，特别是纯碳酸盐岩的大面积出露，为石漠化的形成奠定了物质条件。该区位于青藏高原的东南翼斜坡，处在太平洋季风和印度洋季风交汇影响的边缘地带，属中-南亚热带和北热带气候区，气候温暖湿润，雨量充沛，光、热充足。湖北、湖南、贵州等大部分地区年平均气温在15℃以上，逐渐向南增高到20～24℃（广西和云南南部），大于10℃积温在5000～8000℃。年平均日照时数一般为1200～1600h，往南高达1800～2000h，年日照百分率为25%～42%。绝大部分地区年降水量为1000～1600mm，最高达1800～2000mm，年均相对湿度为75%～80%，降水的70%～80%集中在每年的5～8月，形成水热同期的分布特点，为喀斯特地貌的强烈发育提供了必要的溶蚀条件。

地中海岩溶生态系统与中国西南岩溶生态系统的地质背景相似，但所处的气候条件存在差异，社会经济发展阶段也各不相同。从自然-社会-生态系统耦合作用的视角分析，地中海岩溶生态系统与中国西南岩溶生态系统既存在相似之处，又有各自的特殊性。

1.2.2.1　共同点

1）在地表碳酸盐岩出露面积广。

2）都存在水土二元结构分布，由此导致水土流失和水土资源缺乏。

3）都曾面临较大的人口压力，在生态严重破坏后，都曾产生类荒漠化现象，即石漠化。

4）生态退化后果相似：表现为缺水少土、水土流失、环境承载能力小、地下水污染、受破坏植被需要较长时间恢复等。

1.2.2.2　不同之处

1）气候的差异：中国西南地区属于亚热带季风气候，雨热同期。地中海地区属于地中海气候，夏旱而冬雨，雨热不同期，季节性干旱，并且降雨高度易变容易导致突然的暴雨等；这是影响欧洲南部和东南部荒漠化进程的主要气候因素。西班牙受此地中海气候影响的国土面积比例为63.5%，希腊为62%，葡萄牙为61.5%，意大利为40%，法国则为16%。

2）社会经济方面的差异：中国西南岩溶山地区属贫困地区，经济欠发达，人口密度大，属传统农业区。地中海地区国家经济较发达，人口密度较小，为传统的农牧地区；但其旱地面积较多，也使其受荒漠化威胁的风险性增大。

1.2.2.3 生态演变驱动因素

意大利东北部喀斯特地区属于地中海气候区，该区经历了严重环境退化到逐步恢复的过程。造成该地区喀斯特环境退化的因素很多，但主要是过度放牧和开垦，以及樵采和伐木所导致的森林大面积消失，战争也严重地破坏了环境（李玉辉，2003）。在第二次世界大战结束以后，该区喀斯特生态环境得以成功恢复。在地中海地区，有利于生态环境改善的因素主要有以下3方面：①工业化使人口向城镇迁移；②城镇人口以煤代薪；③立法保护环境。这3方面因素减小了岩溶地区的生态环境压力，使之得以有机会恢复。以上因素中，促使生态环境改善的最重要因素是人口向城镇的迁移减轻了岩溶地区的生态环境压力。

中国与大多数发展中国家或地区一样，面临着喀斯特环境与发展同题。如何借鉴经典喀斯特地区的经验，创造一种跨越式、有利于喀斯特的多重价值实现的资源利用保护方式，需要本土性和创造性相结合的革新思维（李玉辉，2000）。在中国西南岩溶山区，农村青壮年外出务工、人口开始向城镇迁移、退耕还林还草政策的实施、经果林种植等农业结构调整、坡改梯等土地整治工程等多种因素促使了该地区退化的生态环境逐渐恢复。

1.3 中国西南岩溶山地生态系统特点

西南岩溶山区长期以来由于土地的不合理利用、水土流失严重、资源破坏，生态环境日趋恶化，属于生态脆弱区。人类活动强烈干扰，超过了生态系统的稳定极限而使之退化，是该区的显著特征之一。岩溶山区生态环境退化在区域景观格局与类型上表现为石漠化状况不断恶化，大片地区无水、无土，以致失去了人类生存的基本条件，成为实施西部大开发战略和全面建设小康社会的难点所在。景观生态学理论体系中的景观动态与演进、景观规划与建设、景观保护等都是岩溶山区生态环境所面临的主要问题，其强调人类活动对景观结构与生态过程的影响，也为岩溶山区生态环境建设提供了新的尝试途径。基于景观生态学理论，梳理中国西南岩溶山地的景观生态特点，可以为西南岩溶山地的生态建设提供参考。

1.3.1 景观结构的特点

1.3.1.1 景观破碎化与景观结构粗粒化

西南岩溶山区地势上总体呈现东西三级台面、南北两大斜坡的格局，高原-峡谷地貌景观是宏观地域上最主要的基本特征。在波状丘陵起伏和开敞的宽谷盆地中镶嵌深达300~500m 的廊道式峡谷；在各级台面间的过渡斜坡地带，河谷深切，岸坡陡峻，地貌多为岩溶峰丛洼地、沟谷，塑造出陡峻、破碎、山地性显著的地貌特征。以贵州为例，地史上多次造山运动致使贵州省地层褶皱断裂发育，构成了地势高低悬殊的峰林盆地、峰林谷地、峰林洼地、峰丛峡谷交错镶嵌的独特地貌形态。贵州高原地表的切割深度较大，加之岩性和地质构造等因素的影响，地貌类型极其复杂，高原、山地、丘陵、盆地、河谷阶地等均有分布，增加了景观的异质性和破碎性。

西南岩溶山区景观破碎化包括地貌的破碎化与森林植被斑块的破碎化，但景观破碎化主要指森林植被斑块的破碎化。截至 2000 年，岩溶石漠化土地在中国南方不断扩展，自然的岩溶森林分布零星，只有中热带情安岭的季雨林，北热带弄岗的季雨林，亚热带的茂兰、猴子沟、双河、兰泉、金佛山阔叶落叶混交林尚有较为完整的森林生态系统。其他还有横断山脉的亚寒带岩溶针叶林、高山杜鹃，黄龙寺的水杨林（灌木）、云杉林、冷杉林等，以及高原草甸生态系统。在岩溶山区局部地方还有面积很小的风水林，形成了岩溶地区的一个个"绿岛"景观（李先琨和苏宗明，1995）。而大部分地区形成了以大片裸露的岩溶荒山为基质、耕地斑块和森林斑块分布其中的景观模式，对以石漠化景观为主的自然土地覆盖类型来讲，因其构成景观基质，破碎化程度很低，往往构成均质的区域景观背景，形成景观格局的粗粒化表现。

1.3.1.2 景观分异明显

西南岩溶山区是一个典型的多种基质、多层次的景观生态过渡带，景观具有很强的空间异质性和时间异质性，即景观异质镶嵌在三维立体空间的高对比性。景观镶嵌体由无数低山、岩溶盆地斑块构成，并被溶蚀沟和纵横交错的道路切割。一方面碳酸盐岩与非碳酸盐岩的层组结构的不均一性，导致碳酸盐岩产生的岩溶现象具有明显的团块状和条带状特征，大面积岩溶区域内镶嵌着非碳酸盐岩景观，致使岩溶关键带在横向上呈"岛屿状"镶嵌特征（曹建华等，2018）；另一方面以贵州为中心的西南岩溶区岩溶地貌发育类型齐全，由分水岭到深切峡谷，呈现出峰林盆地→峰林谷地→峰丛洼地→峰丛峡谷的区带分布，从而新老地貌形态交错镶嵌。以上两类镶嵌景观形成了西南岩溶区岩溶环境的分异特征，不仅控制着土壤发育、水文状况的分异，并直接影响水土流失的发生发展，还决定着土地利用的空间分异。随着岩溶地貌从宽缓分水岭向深切峡谷的过渡，地下水埋藏由浅到深，土被由厚到薄、由连续到不连续，植被由地带性到非地带性，旱坡耕地比例由小到大，生态脆弱性由低到高，生态恶劣程度不断增加。在宽缓分水岭，岩溶生态环境良好，土地退化大部分是由不合理的人为活动诱发的。在深切峡谷区，生态脆弱度高，生态环境恶劣，对人为活动的生态环境效应具有放大作用，该区的土地退化是以自然营力为主，辅以不合理的人为活动诱发的。

西南岩溶山区景观分异的原因是多种多样的，大尺度的景观分异受地貌演化阶段和河流切割的控制，中尺度的景观分异受碳酸盐岩岩性的控制，小尺度的景观分异受岩溶作用发育强弱的控制。复杂的地质构造、地层、深切河流将西南岩溶山区分割成许多水、热、生物地球化学背景条件千差万别的小单元。由此形成的生态单元各圈层发生着地质地貌组合→水文土壤组合→植被和小生境组合结构的作用过程，导致植被演替顶极的差异，从而形成不同类型的顶极群落，构成了不同区域岩溶生态系统及生境类型的多样性。

1.3.2 景观生态过程的基本特点

1.3.2.1 景观生态系统抗干扰性低，区域生态脆弱

西南岩溶山区生态环境脆弱性主要是由特殊的水文地质背景，尤其是岩溶作用所引起的。人类不合理的经济活动使本来脆弱的生态地质环境更加恶化，使脆弱的生态环境受到一定的威胁。因此，该区的生态环境脆弱性是结构性脆弱和胁迫性脆弱协同作用的结果（靖娟利等，2003），其脆弱性主要表现在（杨明德，1990；李阳兵等，2002）：①环境容量小，植被遭破坏后需很长时间才能恢复；水文过程变化迅速，旱涝时常发生。②植被生长过度依赖于生境条件，但生境条件受环境影响明显。③生态环境的良性演化依赖于植被的恢复。④可溶岩成土速率缓慢，允许侵蚀量低。⑤水资源利用与土地利用方式间缺乏合理性，如刀耕火种、过度开垦造成生态环境中种子库丢失严重，物种多样性受到影响，植被演化趋于单一或种群趋于退化。这些特征使岩溶生态系统具备了脆弱生态系统的一切性质，对自然或人为干扰，尤其是水土资源开发利用的干扰极为敏感，导致景观的低稳定性、低抗逆性和难恢复性。

1.3.2.2 景观动态变化范围大、速度快

西南岩溶山区是一个具有整体区位优势但区域相当封闭的人工生态系统，景观空间格

局是地质背景条件和人类活动叠加的产物，景观演变迅速且具有区域性。西南岩溶山区生态环境破坏始于 20 世纪 40 年代，到 60 年代基本形成，并保持到 80 年代或更晚，生态系统受到了严重破坏。50 年代初，贵州森林覆盖率（不含灌木林）达 30% 以上，且以天然林为主；由于对木材的砍伐和开发利用超出其年生长蓄积量及对粮食的需求而导致毁林开荒，森林覆盖率在 80 年代一度下降至 13.7%（不含灌木林）（姚永慧等，2003）。滇、黔、桂是西南岩溶区石漠化的重点区，石漠化面积约 6.79 万 km^2。在黔南、桂西 1.6 万 km^2 的范围内，岩石裸露率大于 70% 的严重石漠化区域的面积，在 21 世纪初仍有增加。在大约 50 年的时间内，森林覆盖率下降了 30% 左右，80% 的岩溶泉水干涸，大部分野生动植物消失，重大干旱从 1 次/10a 增加到 3 次/10a（周游游和唐晓春，2003）。伴随景观生态变化，石漠化景观发展迅速，彻底改变了原有的森林生态景观格局，大量人工斑块的出现和掠夺性的农业生产方式使生态系统极不稳定，基质、斑块、廊道都处于不停的波动状态，并带来一系列生态环境问题。90 年代以后，一种全新的符合经济持续发展的半天然生态景观生态格局已见雏形，局部地区表现为森林基质不断扩大、稳定的人工林斑块持续增加、不稳定的耕作斑块逐年减少。但随着居住斑块的强化和人工廊道的快速增长，生态景观格局的稳定性仍受到威胁。

景观的动态变化具有水源依赖性，"有水一片绿，无水一片荒"是石漠化区的真实写照。在"山盆期"地貌被保存处，多为残丘溶原或峰林盆地，并堆积有较厚的红黏土，河谷宽广，水流平缓蜿蜒，地下水位浅，这些地区不易发生石漠化。岩溶峰丛峡谷及峰丛洼地，由于地下水埋藏深、地面干旱，雨季时地表水水力坡降大，水土易流失，在这种内外自然营力作用下，岩溶石漠化开始出现且其面积有所增加（张竹如等，2003）。岩溶山区地形起伏变化大、地表破碎，中小尺度土地利用格局变化较大。景观动态变化所具有的空间尺度和时间尺度相对较小的特征，要求从中小尺度上进行生态环境系统的问题研究更易与实际状况相符合。

1.3.2.3 景观整体退化明显

人类活动通过改变生境多样性、生态系统结构、生物地球化学循环影响生态系统服务功能（郑华等，2003）。岩溶山地的景观退化包括结构退化和功能退化，具体表现为：①景观组合关系改变。组成景观生态系统的基质发生变化，表现为景观形态和生态功能上的破碎化、生境多样性减少、生态系统趋向简单化。与森林斑块数量和面积急剧减少的趋势相反，山丘区灌丛、草地、裸露地、耕地及工矿用地、交通建设用地等斑块数量和面积则有增无减。②景观组分性质劣化，植被类型简单而隐域化。基岩大片裸露，土壤退化趋势明显，生物组分的变化不仅表现在生物资源种类和数量的减少及生物物种分布范围的缩小方面, 而且更表现在不同生物组分组合中 "优势化" 现象日趋明显方面, 即某一个或几个物种在景观生态系统中的支配地位日益强化。③景观生态过程良性循环减弱。正常的水文生态循环被打破, 使景观生态系统生产能力出现下降趋势, 本来就脆弱、生产力相对较低的亚热带常绿阔叶林逐渐被结构简单、稳定性弱、生产力低的次生林甚至灌丛、草丛取而代之。④景观生态系统抗性降低, 具体表现为自然灾害日益加剧。

1.3.3 土地退化的景观生态学机制

人类不合理活动的干扰, 加剧了岩溶山区脆弱性生态环境以 "石漠化" 为特征的景观演化和景观破碎化进程 (卢远等, 2002)。在山地自然条件的制约下, 人为干扰呈蚕食性扩展, 导致景观日趋破碎, 规模较大、连通度较高的斑块日益被分割为分离的、碎小的斑块 (张惠远等, 2000)。在远离人类活动影响的区域, 一般呈植被盖度较高的灌丛景观, 破碎化程度较低, 优势度较高; 随人类活动减少, 景观多样性和破碎化程度不断降低, 斑块分离程度下降。人类活动的变化, 直接导致整个景观结构与空间格局发生改变, 成为流域景观过程的主要驱动力。

生态系统景观格局控制着生态系统内物质循环的 "源" "汇" 关系 (李月辉等, 2001), 景观格局变化改变了景观中生态流的 "源" "汇" 关系。岩溶山区景观既受地质地貌与气候因素的影响, 又受人类活动的影响; 岩溶山区土地利用景观的区域差异, 既反映了人类活动强烈程度与土地退化程度, 又在一定程度上说明了各区域生态环境本底的优良与恶劣程度。后续研究应将景观格局与生态过程结合起来, 将人文因子与地学背景结合起来, 加强小尺度的景观变化研究。

1.4 中国西南典型岩溶生态系统比较研究
——以茂兰和花江为例

1.4.1 研究区概述

茂兰岩溶森林区位于贵州高原南部向广西丘陵平原过渡的斜坡地带, 年平均温度为 15.3℃, 年降水量为 1752mm, 属于中亚热带季风湿润气候地区。夏半年 (4~9月) 的降水量多达 1419.6mm, 占全年总降水量的 81%。峰丛洼地的底部终年阴湿, 各月相对湿度均在 90% 以上; 6~8月雨量较为集中, 占全年总降水量的比例高达 96%~97%; 而山坡的中、上部位，相对湿度较低，晴天时极为干燥。该区是世界上同纬度地区残存下来的仅有的、原生性强、相对稳定的岩溶森林生态系统，也是岩溶区原生性森林分布面积最大的地区，森林覆盖面积近 2 万 hm²（图 1.5）。自然村落 18 个，1963 年常驻人口 2233 人，2015 年增至 4839 人。种植业居主导地位，以森林为基质的景观有被农田分割成斑块的趋势。

(a) 茂兰   (b) 花江

图 1.5　茂兰和花江的景观照片

贵州西南部关岭布依族苗族自治县和贞丰县交接处的北盘江花江段，归属珠江流域，北盘江在此切割形成了一宽谷套峡的叠置谷，花江峡谷指包含峡谷和两岸在内的完整谷地。属中亚热带低热河谷，年均降水量为 1100mm，5～10 月降水量占全年总降水量的 83%。年平均温度为 18.4℃，花江峡谷海拔 850m 以下为南亚热带干热河谷气候，850m 以上为中亚热带河谷气候；蒸发量达 1200～1300mm，干旱指数为 1.4～1.1，"岩溶性干旱"现象严重。坡度大于 25° 的土地面积约占该区总面积的 87%，平地面积仅占 2%。土壤仅存于溶隙和洼地之中，林灌覆盖率小于 3%，经历了严重的石漠化过程，生态环境亟待恢复与重建。

1.4.2　研究区地质地貌条件的比较

茂兰新生代以来是一个长期上升、强烈溶蚀的岩溶峰林、峰丛低山山地。整个构造为一宽缓而对称的向斜褶曲。岩溶森林区仅占有其南段的一部分，地层倾角一般为 5°～10°，大者 15° 左右，而森林保存最好的洞多、洞落及其以南的贵州、广西临界地区，即茂兰向斜倾没端、摆佐组白云岩广泛分布的地区，地层已接近水平，倾角一般仅接近 5° 左右。现今保存较好的原始森林，即主要分布在向斜南段大多接近于水平产状的石炭系白云岩和石灰岩上。

茂兰处于宽阔河间地带，山盆期地面保存较好，海拔为 430～1078.6m，平均海拔在

800m 以上，东西两部地形高差均为 150 ~ 300m。本区岩溶强烈发育，可划分为峰丛漏斗、峰丛洼地及峰林盆地三大地貌组合类型，形成漏斗森林、洼地森林、谷地森林及槽谷森林四大景观类型。整个岩溶地貌处于较年轻的阶段，岩溶发育的深度较小，其基准面就是平缓褶皱中下石炭统的顶面，整个岩溶地块厚 300 ~ 400m，岩溶发育深度为主要盆地及洼地地面以下 100 ~ 200m。

花江峡谷区海拔为 448 ~ 1470m，相对高差常达 600 ~ 800m，除深切的北盘江干流外，地表无一条有常年流水的支流，是典型的乌江期地貌。花江峡谷为北盘江深切的一北陡南缓向斜构造形成的岩溶峡谷，岩溶发育较强烈。总体上峡谷北侧陡峻，岩层倾角在 50° ~ 70°，为一顺构造走向的陡倾的溶蚀坡，坡顶发育了典型的岩溶峰丛，坡脚则与一和缓的碎屑岩台地相接，台地起伏，坡度多在 15° 以下，土层深厚；峡谷南坡岩层倾角在 10° ~ 20°，出露地层为中三叠统碳酸盐类岩石等，碳酸盐岩层的总厚度在 700m 左右，质纯层厚。南坡由峰丛洼地、谷地组成一个缓缓下降的大斜坡，广泛分布高度和坡度均不大的峰丛和长度为几千米的岩溶干谷，形成单斜峡谷单元流域类型和峰丛洼地地貌。

1.4.3 研究区岩溶水的比较

1.4.3.1 茂兰岩溶水

(1) 表层岩溶水

茂兰的岩溶表层带具有明显的二元结构，即枯枝落叶垫积层充填的表层岩溶带上部裂隙水和下部表层带裂隙水共存（何师意等，2001），这一水循环途径为雨水—森林滞留水—表层岩溶带—坡麓表层岩溶泉—洼地；洼地汇水—落水洞—岩溶地下水—饱水带泉。

岩溶森林滞留水按其滞留的地形部位可划分为：森林滞留泉和森林滞留沼泽湿地（周政贤，1987）。前者是指滞留水沿斜坡渗出地表，这种类型遍及全区，凡岩溶森林茂密的山麓斜坡下，漏斗、洼地及山鞍坳口上均有分布。后者普遍见于岩层产状及地面均十分平缓或低洼的岩溶森林之中。岩溶森林滞留水含水介质在空间上分布的连续性差，其存在强烈依附于森林，一旦森林破坏，该含水带即变为强烈的透水带。

具有供水意义的表层岩溶泉往往发育于岩层产状比较平缓的岩溶区，而在直立或倾角大的岩溶区，尽管有表层岩溶带，也很少形成表层岩溶泉（蒋忠诚等，2001）。表层岩溶带裂隙水循环系统为近地面的表层地下水系统，其补给源主要为大气降水，以及部分林下凝结水。这两种补给源到达地面后，除少部分向下渗漏，补给岩溶地下水外，其余大部分由于森林枯枝落叶层阻滞，而沿地表发生侧向运移。在峰丛密集分割、地形急剧变化的地区，其径流途程短，汇水面积有限，结果必然是排泄点多，泉水密集分布，流量也较小，但动态较稳定，岩溶地形与森林覆盖互相配合，形成稳定、充沛的补给源。

（2）岩溶管道水

岩溶管道水位于表层岩溶带裂隙水下部，为区域性占主导地位的岩溶管道水系统，补给源主要为大气降水，其次为森林滞留裂隙水。区内岩溶管道水补给面积大，径流途程长，排泄带低，地下水露头稀少，但流量大。主要有板寨、瑶所及瑶兰三大地下河系，埋藏深度随地质地貌条件而异：板寨东南的峰丛漏斗区，地下水埋深可介于 30~50m；里根、瑶所一带的峰林谷地区，地下水时出时没，埋深仅数米；洞多、洞长及瑶兰一带的峰丛洼地区，地下水埋深达数米甚至十余米。

（3）水文生态效应

茂兰岩溶森林区由于亚热带原生森林的大面积覆盖，形成了独特的水文地质特点。表现为森林滞裂隙留水与岩溶管道水所组成的水文地质二元结构，表层岩溶带属缓慢渗流调蓄排泄型，使降水、地表水和下部岩溶水的相互转化产生良性循环，表层带水的补给、径流和排泄条件明显改善，对森林生态系统内部水分的调节和植被发育具有重要的意义。在茂兰岩溶森林区，半分解状的枯枝落叶层极为发育，土壤层不发育，仅有腐殖质土和深褐色钙质土。除苔藓植物具有最大持水能力外，枯枝落叶层也具有很强的持水性。同样地，平均含水率排序为枯枝落叶层>腐殖质土>钙质土。茂兰岩溶森林区形成地表径流的机会不多，非森林区地表径流量是森林区的 35 倍，森林区径流的含沙量只有非森林区的5.57%~13.74%（冉景丞，2002）。

1.4.3.2 花江峡谷表层岩溶水

花江峡谷区表层岩溶带无二元结构。南坡为石漠化半石漠化的大斜坡，谷肩峰丛洼地降水几乎全部进入地下，谷坡降雨大部分迅速转化为地表径流流走，在花江降雨集中的情况下，成为径流的形成区、水土的贫乏区。在缺乏植被覆盖的情况下，表层岩溶带为快速垂直入渗无调蓄排泄型、中速渗流排泄型，调节地表径流的能力差。裂隙水顺层面渗出，分散、不集中，表层裂隙泉分布于洼地、冲沟底部，泉水动态与降雨动态一致，为季节性泉，仅在雨季出流，旱季无水，除暴雨期外，表层泉水量一般很小，流量为 0.01~0.05L/s。花江北坡岩溶峰林台地与深切河谷因碎屑岩阻隔无直接的水力联系，但因岩层倾角大，表层岩溶带的岩溶水主要顺岩层下渗，在与碎屑岩层接触部位渗出，而岩溶峰丛坡体上，不能形成岩溶泉水。受云贵高原剧烈上升影响，北盘江切割深度达 800m，峡谷区构成了地下水排泄的区域基面。岩溶水赋存运动于溶洞及管道之中，向深谷径流，于谷底以大泉形式排泄，形成极大的高差，使岩溶水水位埋深达 300m 以上，越接近深切峡谷，其水位埋藏越深。总的来说，花江峡谷地表呈现一片干旱生境。

1.4.4 研究区土壤特征的比较

1.4.4.1 茂兰岩溶森林区

茂兰岩溶森林区土壤的基本特点是土壤质量很好，具体表现为有机质和氮、磷、钾养分丰富，但土壤容量因素很差，土层薄，土被不连续。例如，以石面、石沟、石缝面积的比例代表岩石的裸露率，茂兰岩溶森林小生境岩石裸露率为98.05%～42.51%，平均为89.86%，石面石沟型和石面型是该区最普遍的组合类型（朱守谦等，2003）。尽管茂兰岩溶生态系统植被覆盖率高，但表层土粒仍处于负增长状态，以微距离和短距离的垂向迁移为主，发生着一种自然石漠化过程。但茂兰岩溶森林区只存在自然的土壤侵蚀过程（"土层丢失"），土壤侵蚀强度不大，土壤侵蚀程度也很低。

1.4.4.2 花江峡谷区

花江峡谷区土壤垂直分布规律如下：在河谷南岸，从河谷到山顶，依次分布淋溶红色石灰土、淋溶黄色石灰土（850～900m）；海拔850～1000m及超过1000m的高山谷地中为红小泥土、红大泥土（由黄色石灰土、黑色石灰土开垦熟化而成）及小泥土；海拔1000～1200m为黑色石灰土。

花江峡谷区土层薄，连续性极差，呈斑块状分布，保水性很差。从林地—灌草坡—陡坡耕地土壤质量发生明显变化，表现为土壤水稳性团聚体数量的下降和有机质含量的降低。黑色石灰土绝大部分分布于石山陡坡或顶部溶沟、溶隙中，一般生长有常绿小乔木，如西南木荷、大叶栎、青冈、香叶树等，土壤养分丰富。当这些植被类型进一步被反复垦荒火烧后，则演替为干季半枯黄或枯黄的草丛，如飞机草、白茅、野香茅草丛，土壤养分显著衰退。

花江峡谷区除了自然土壤侵蚀外，还存在显著的人为加速土壤侵蚀过程。土壤侵蚀类型包括面蚀、沟蚀、石隙刷蚀和潜蚀。由于喀斯特山坡土体不连续和非常态地貌的特点，大量的土粒迁移受微地形控制，仅发生局部小距离的位移。因此，通过小流域沉沙池观测的土壤流失量并不大（彭建和杨明德，2001），但点上数据监测结果为平均侵蚀深度达3.12mm/a（兰安军，2003），土壤侵蚀程度非常严重。

1.4.5　研究区植被特征的比较

1.4.5.1　生境的比较

比较茂兰和花江岩溶区，森林植被分布的小生境具有一些共同特点：树木的大小及茂密程度，主要受岩溶裂隙的发育程度及规模控制，裂隙规模大，分布密集，森林的覆盖程度就好，反之，覆盖程度就很差；在土壤及枯枝落叶腐殖质层较薄，且裂隙比较稀疏的岩石层面，树木的根系无法向岩石中深入，只能沿着平缓岩层表面覆盖很薄的土壤层横向发展。

茂兰岩溶森林区复杂的岩石形态组合的小地形、微地形组成了各种小生境，如明亮、阴暗、干燥、湿润、积水、肥沃、瘦瘠及其组合，地被物水分的调节作用促进了系统内部生境多样性的形成。生境多样性导致群落物种组成的复杂性和生态类型的多样性：旱生—湿生，喜光—耐阴，喜肥—耐瘠，草质藤本—木质藤本，以及随遇植物—喜钙植物—专性植物，分别占领与其特性相适应的小生境（喻理飞等，2003）。苔藓植物一般同潮湿生境相联系，然而在茂兰岩溶森林区中分布了大量苔藓植物，这进一步说明了岩溶地貌并不都是干燥缺水地区。

花江岩溶峡谷从整体上说以单一干燥生境占主导地位，而无森林环境影响下的潮湿、荫蔽的多样性生境，肉质多浆灌丛（以仙人掌最多）的存在反映了生境条件干燥、暖热、人为活动破坏严重的特点。石漠化土地集中分布于裂隙不发育的顺倾坡面、冲沟下部、冲沟两侧的侵蚀坡面，石漠化分布与裂隙发育与否关系密切，裂隙发育部位不易形成石漠化，且植被也相对容易恢复。从现有景观斑块的空间分布格局来看，裸岩斑块、林地斑块、灌草丛斑块的空间分布与地形坡度、地貌部位并无直接联系，裸岩分布于坡度较小的坡面，林、灌残存于峰丛顶部或仅分布于洼地底部土层较厚部位，斑块空间分布格局成因已多样化。

1.4.5.2　植被特征的比较

茂兰岩溶常绿落叶阔叶混交林植被可能是晚更新世以来形成的，具有原生性（周政贤，1987），是一种稳定的土壤-地形顶极群落。其中落叶成分多数是原有成分，是和水分不足的干旱生境相适应的，同时也与这些喜钙树种长期适应所产生的习性有关。先锋种、次先锋种以吸水潜能高、耗水能力低和水分利用效率高适应于干旱严酷的生境，水分胁迫压力很大的演替初期阶段环境，耐旱适应性强于次顶极种和顶极种（谢双喜等，2001）。茂兰岩溶森林垂直结构一般比较简单，仅洼地、漏斗等负地形中草本层较发达，石面植物多，苔藓层也较发达，且多层间植物，如藤本、附生苔藓、蕨类、叶附生植物等。但岩溶森林水平结构从总体上看比较复杂，具体表现在各个体及种群分布有极大的随机性。水分不足和有效土壤养分缺乏的严酷生境条件导致林木生长速度缓慢，胸径年平均生长量在0.25cm以下，山麓部位阔叶树种连年生长量在0.3cm左右，树木自然衰亡年龄较小。其更新特点主要表现在无性更新（树干不定芽和根蘖条萌发）系列占有极重要的地位，这在原生性森林和次生林中皆是如此。

花江峡谷区内的植物群落随着海拔、坡度的不同而呈现一定规律的变化：约以海拔850m为界划分两个植物群落垂直自然分带，850m以下是半干旱、半湿润常绿阔叶落叶林，其中在这一自然带里根据生境的特点又可分为两个小的自然带，靠近河谷地段为干热稀疏常绿阔叶林带，有耐旱的木棉、余甘子、仙人掌生长；650~850m为半湿润常绿阔叶落叶林，植被以栾树、灰毛浆果楝、榕树、楹树、血桐、香椿、仙人掌为主，并表现出石生性、耐旱性和喜钙性的石灰岩植被种群生境。850m以上为湿润常绿阔叶落叶林，其中850~1000m为湿润常绿阔叶落叶–灌木乔木混生林，植被以构树、竹、红椿、黑桃等为主；1000m以上为湿润常绿阔叶落叶林，植被以西南木荷、大叶栎、青冈、香叶树、密化木、清香木、香樟、梓木、枫香等为主。岩溶峡谷区的植物比较适应该区高温干燥的环境，而在温度较低条件下植物分布较少，表明了岩溶峡谷区的植物特有的喜温、耐旱性。水分是岩溶干热河谷植被分布的限制因子，因此阳坡由于水分的缺乏反而没有其他坡向的植被丰富。峡谷区现存植被群落的组成结构有2个特点（谢双喜等，2001）：①具有明显的次生性，主要表现在群落组成树种较少而优势种明显，组成结构较为单一化；②现存树种以无性繁殖更新为主。这主要是由生态环境的严酷性造成的，无性繁殖能力强尤其根蘖萌生能力强的树种才能有效地利用环境资源，抵抗恶劣环境而保证自身成活。例如，香叶树、樟树、斜叶榕、清香木、密花树等都是根蘖繁殖能力极强的树种。此外，大多数树种未达到其生物学高度，而且灌木层的主体又多是乔木层树种的幼树，乔木层与灌木层不能清晰地划分出来，其原因显然是频繁的人为干扰制约了植物的高径生长发育。

1.4.5.3 讨论

从前文可以看出，茂兰岩溶森林区和花江峡谷区岩溶生态系统的差异体现在地质构造、地貌演化阶段、岩溶形态、水文结构、生境多样性及土壤侵蚀、植被、水文生态效应等基本的生态过程和功能差异方面（表1.2）。其中地质构造、地貌演化阶段、岩溶形态、水文结构（即可开发利用的水资源）是两种生态系统存在显著差异的关键因素。因此，我们有理由认为，岩溶生态系统各圈层发生着地质地貌组合–水文土壤组合–植被和小生境组合结构的作用过程，不同组合结构的岩溶生态系统具有特殊的功能，其本底稳定性与脆弱性各异，从而形成了不同区域岩溶生态系统及生境类型的多样性。茂兰地区生态环境的主导因素是地貌条件（陈建庚，2000），土壤条件对岩溶森林群落生物量的决定作用远大于气候条件（姚智等，2002），且草被与树林的界线就是岩组间的界线（杨汉奎和程仕泽，1991），尤其是摆佐组白云岩是岩溶森林保存最好的地层。对贵州省石漠化与岩性分布的空间叠加分析表明，灰岩区的石漠化发生率明显高于白云岩区，岩性基底与石漠化的发生、发育存在着较为密切的联系（李瑞玲等，2003），这是否与白云岩分布区二元水文结构不发育、白云岩地区表层岩溶带流量均匀和整体风化明显的特征有关系，值得进一步研究。

表 1.2 茂兰峰丛洼地岩溶生态系统和花江峡谷岩溶生态系统自然特征的差异比较

比较因素	茂兰峰丛洼地岩溶生态系统	花江峡谷岩溶石漠化生态系统
表层岩溶水	具有明显的二元结构，即枯枝落叶垫积层充填的表层岩溶带上部裂隙水和下部表层带裂隙水共存。表层岩溶带属缓慢渗流调蓄排泄型	表层岩溶带无二元结构，为快速垂直入渗无调蓄排泄型、中速渗流排泄型，调节地表径流的能力差
岩溶管道水	补给源主要为大气降水，其次为森林滞留裂隙水。水补给面积大，径流途程长，排泄带低，但流量大。埋藏深度数米至数十米	补给源主要为大气降水，岩溶水水位埋深达 300m 以上
土壤特征	有机质和氮、磷、钾养分丰富，土层薄，土被不连续，只存在自然的土壤侵蚀过程（"土层丢失"）	土层薄，连续性极差，土壤具有干、薄、黏、瘦、碱和土表结壳特性，存在显著的人为加速土壤侵蚀过程
小生境	复杂的岩石形态组合的小地形、微地形组成了如明亮、阴暗、干燥、湿润、积水、肥沃、瘦瘠等小生境，导致生境的多样性	以单一干燥生境占主导地位，无森林环境影响下的潮湿、荫蔽的多样性生境
植被	是一种稳定的土壤-地形顶极群落：旱生-湿生、喜光-耐阴、喜肥-耐瘠、草质藤本-木质藤本、随遇植物-喜钙植物-专性植物，分别占领与其特性相适应的小生境	具有明显的次生性，主要表现在群落组成树种较少而优势种明显，组成结构较为单一化。现存树种以无性繁殖更新为主，比较适应该区高温干燥的环境
旱涝灾害	极大地改善了地下水及地表水的循环交替条件，显示出岩溶森林的水文效应	气象干旱和岩溶性干旱双重效应结合，干旱频率高、程度深
生态稳定性	原生性岩溶森林生态系统，生态脆弱	石漠化岩溶生态系统，恢复困难

除自然背景差异外，上述两个岩溶生态系统所承载的人口压力差异也非常明显，其生态现状是自然背景和社会经济条件共同作用的结果。目前关于岩溶生态系统圈层相互作用与植物对土壤、水分等环境要素的时空格局景观异质性的响应关系方面的研究较为薄弱，

探讨不同岩溶地貌单元、不同碳酸盐岩类型区的岩溶生态系统基本生态过程是否存在区域差异性，及其对人为活动扰动响应的差异性，从而有可能回答自然背景和人为干扰在岩溶生态系统退化和恢复中的贡献率，对岩溶生态系统的恢复是很有意义的，也有助于岩溶环境动力学研究的深化。

1.5 本章小结

本章从岩溶生态系统的定义开始，剖析了岩溶生态脆弱性的特点，并以地中海岩溶生态系统与中国西南岩溶生态系统为例进行了对比。

参 考 文 献

白占国，万国江.1998.贵州碳酸盐岩区域的侵蚀速率及环境效应研究［J］.土壤侵蚀与水土保持学报，4（1）：1-7，46.

曹建华，杨慧，张春来，等.2018 中国西南岩溶关键带结构与物质循环特征［J］.中国地质调查，5（5）：1-12.

柴宗新.1989.试论广西岩溶区的土壤侵蚀［J］.山地研究，7（4）：255-259.

陈建庚.2000.茂兰保护区喀斯特生态环境类型划分及特征分析［J］.贵州环保科技，6（2）：8-16.

陈晓平.1997.喀斯特山区环境土壤侵蚀特性的分析研究［J］.土壤侵蚀与水土保持学报，13（4）：31-36.

邓士坚，王开平，高虹.1988.杉木老龄人工林生物量和营养元素含量的分布［J］.生态学杂志，7（1）：13-18.

何师意，冉景丞，袁道先.2001.不同岩溶环境系统的水文和生态效应研究［J］.地球学报，22（3）：265-270.

何寻阳，李强.2005.表层岩溶带岩溶泉的水化学动态变化及其环境效应——以马山弄拉兰电堂为例［J］.广西师范大学学报（自然科学版），23（2）：103-106.

侯文娟，高江波，彭韬，等.2016.结构-功能-生境框架下的西南喀斯特生态系统脆弱性研究进展［J］.地理科进展，35（3）：320-330.

蒋忠诚，王瑞江，裴建国，等.2001.我国南方表层岩溶带及其对岩溶水的调蓄功能［J］.中国岩溶，20（2）：106-110.

靖娟利，陈植华，胡成.2003.中国西南部岩溶山区生态环境脆弱性评价［J］.地质科技情报，22（3）：95-99.

兰安军.2003.基于 GIS-RS 的贵州喀斯特石漠化空间格局与演化机制研究［D］.贵阳：贵州师范大学硕士学位论文.

李朝君，王世杰，白晓永，等.2019.全球主要河流流域碳酸盐岩风化碳汇评估［J］.地理学报，

74（7）：1319-1332.

李德文，崔之久，刘更年.2001. 岩溶风化壳形成演化及其循环意义［J］. 中国岩溶，20（3）：183-188.

李瑞玲，王世杰，周德全，等.2003. 贵州岩溶地区岩性与土地石漠化的空间相关分析［J］. 地理学报，
58（2）：314-320.

李文华，邓坤枚，李飞.1981. 长白山主要生态系统生物生产量的研究［A］//森林生态系统研究（第2
卷）［C］. 北京：中国林业出版社.

李先琨，苏宗明.1995. 广西岩溶地区"神山"的社会生态经济效益［J］. 植物资源与环境，4（3）：
378-44.

李兴中.2001. 贵州高原喀斯特区地文期辨析［J］. 贵州地质，18（3）：182-186.

李阳兵，侯建筠，谢德体.2002. 中国西南岩溶生态研究进展［J］. 地理科学，22（3）：365-370.

李玉辉.2000. 喀斯特的内涵的发展及喀斯特生态环境保护［J］. 中国岩溶，19（3）：260-267.

李玉辉.2003. 意大利东北部喀斯特环境变化过程的分析［J］. 生态学杂志，22（1）：79-83.

李月辉，赵羿，关德新.2001. 辽宁省土地退化与景观生态建设［J］. 应用生态学报，12（4）：601-604.

刘鸿雁，蒋子涵，戴景钰，等.2019. 岩石裂隙决定喀斯特关键带地表木本与草本植物覆盖［J］. 中国科
学：地球科学，49：1-8.

刘济明.1997. 黔中喀斯特植被土壤种子库的初步研究［A］. 朱守谦. 喀斯特森林生态研究（Ⅱ）［C］.
贵阳：贵州科技出版社.

龙翠玲，余世孝，魏鲁明，等.2005. 茂兰喀斯特森林干扰状况与林隙特征［J］. 林业科学，41（4）：
13-19.

卢远，华璀，周兴.2002. 基于 RS 和 GIS 的喀斯特山区景观生态格局［J］. 山地学报，20（6）：727-731.

潘根兴，曹建华，何师意，等.1999. 土壤碳作为湿润亚热带表层岩溶作用的动力机制：系统碳库及碳转移
特征［J］. 南京农业大学学报，22（9）：49-52.

彭建，杨明德.2001. 贵州花江喀斯特峡谷水土流失状态分析［J］. 山地学报，19（6）：511-515.

邱学忠，谢寿昌，荆桂芬.1984. 云南哀牢山徐家坝地区木果石栎林生物量的初步研究［J］. 云南植物研
究，6（1）：85-92.

冉景丞，何师意，曹建华，等.2002. 亚热带喀斯特森林的水土保持效益研究——以贵州茂兰国家级自然保
护区为例［J］. 水土保持学报，16（5）：92-95.

屠玉麟.1989. 贵州喀斯特森林的初步研究［J］. 中国岩溶，8（4）：282-290.

屠玉麟.1995. 贵州喀斯特灌丛群落类型研究［J］. 贵州师范大学学报，13（5）：8-9.

屠玉麟，杨军.1995. 贵州中部喀斯特灌丛群落生物量研究［J］. 中国岩溶，14（3）：199-208.

吴泽燕，章程，蒋忠诚，等.2019. 岩溶关键带及其碳循环研究进展［J］. 地球科学进展，34（5）：
488-498.

谢双喜，丁贵杰，刘官浩.2001. 贵州贞丰县兴北喀斯特森林植被的调查分析［J］. 浙江林业科技，
21（5）：63-67.

杨汉奎，程士泽.1991. 贵州茂兰喀斯特森林群落生物量研究［J］. 生态学报，11（4）：307-312.

杨明德.1990. 论喀斯特环境的脆弱性［J］. 云南地理环境研究, 2 (1)：21-29.

姚永慧, 张百平, 周成虎, 等.2003. 贵州森林的空间格局及组成结构［J］. 地理学报, 58 (1)：126-132.

姚智, 张朴, 刘爱明.2002. 喀斯特区域地貌与原始森林关系的讨论——以贵州荔波茂兰、望谟麻山为例［J］.贵州地质, 19 (2)：99-102.

喻理飞, 朱守谦, 叶镜中.2003. 喀斯特森林不同种组的耐旱适应性［A］//朱守谦. 喀斯特森林生态研究 (Ⅲ)［C］. 贵阳：贵州科技出版社.

袁道先.1988. 论岩溶环境系统［J］. 中国岩溶, 7 (3)：179-186.

袁道先.1997. 我国西南岩溶石山的环境地质问题［J］. 世界科技研究与发展, 5：93-97.

袁道先.2001. 论岩溶生态系统［J］. 地质学报, 75 (3)：432.

袁道先.2001. 全球岩溶生态系统对比：科学目标和执行计划［J］. 地球科学进展, 16 (4)：461-466.

袁道先.2008. 岩溶石漠化问题的全球视野和我国的治理对策与经验［J］. 草业问题, 25 (9)：19-25.

张惠远, 蔡运龙, 万军.2000. 基于 TM 影像的喀斯特山地景观变化研究［J］. 山地学报, 18 (1)：18-25.

张竹如, 李明琴, 李燕, 等.2003. 贵州岩溶石漠化发生发展的主要原因初探［J］. 国土资源科技管理, (5)：43-46.

郑华, 欧阳志云, 赵同谦, 等.2003. 人类活动对生态系统服务功能的影响［J］. 自然资源学报, 18 (1)：118-126.

钟巧连, 刘立斌, 许鑫, 等.2018. 黔中喀斯特木本植物功能性状变异及其适应策略［J］. 植物生态学报, 42 (5)：562-572.

周游游, 唐晓春.2003. 亚热带喀斯特山区的生态系统特征和恢复途径［J］. 山地学报, 21 (3)：293-297.

周政贤.1987. 茂兰喀斯特科学考察集［M］. 贵阳：贵州人民出版社.

朱守谦.1997. 喀斯特森林生态研究 (II)［C］. 贵阳：贵州科技出版社.

朱守谦, 何纪星, 魏鲁明, 等.2003. 茂兰喀斯特森林小生境特征研究［A］//朱守谦. 喀斯特森林生态研究 (Ⅲ)［C］. 贵阳：贵州科技出版社.

朱守谦, 魏鲁明, 陈正仁, 等.1995. 茂兰喀斯特森林生物量构成初步研究［J］. 植物生态学报, 19 (4)：358-367.

邹胜章, 张文慧, 梁彬.2005. 西南岩溶区表层岩溶带水脆弱性评价指标体系的探讨［J］. 地学前缘, 12 (特)：152-158.

Ford D C, Williams P W. 1989. Karst Geomorphology and Hydrology［M］. London：Unwin Hyman.

John G. 1991. Human Impact on the Cuilcagh Karst Areas［M］. Italy：Universita di Padova.

Legrand H E. 1973. Hydrological and ecological problems of Karst regions［J］. Science, 179 (4076)：859-864.

Perrin J, Jeannin P Y, François Z. 2003. EpiKarst storage in a Karst aquifer：A conceptual model based on isotopic data, Milandre test site, Switzerland［J］. Journal of Hydrology, 279：106-124.

Wang S J, Li R L, Sun C X. 2004. How types of carbonate rock assemblages constrain the distribution of Karst rocky desertified land in Guizhou Province, PR China：phenomina and mechanisms［J］. Land Degradation & Development, 15：123-131.

第 2 章 ｜ 岩溶山地土地退化与石漠化

对中国西南岩溶山地土地退化的认识经历了以水土流失为主—石漠化—喀斯特石漠化这样一个不断提高的过程，石山荒漠化、石质荒漠化、喀斯特石漠化等概念，从各自的角度提出了石漠化的定义及其科学内涵。杨汉奎（1995）采用"喀斯特荒漠化"概念，Yuan（1997）采用石漠化概念，Wang 等（2004）采用"喀斯特石漠化"概念，用来表征植被、土壤覆盖的喀斯特地区转变为岩石裸露的喀斯特景观的过程，并指出石漠化是中国南方亚热带喀斯特地区严峻的生态问题，导致其喀斯特风化残积层土迅速贫瘠化，使得南方亚热带喀斯特地区成为我国四大地质-生态灾难中最难整治、最难摆脱贫困的地区。张信宝等（2010）提出石漠化与石质化有着本质区别，喀斯特山地石漠化的核心是土地的石质化。本章将系统对比岩溶山地土地退化与石漠化概念的区别与联系，梳理对石漠化认知的演变，这将有助于全面深入认识岩溶山地退化与石漠化。

2.1 岩溶山地土地退化过程

2.1.1 地质尺度土地退化过程：石质化过程

喀斯特地区成土速率极低，若考虑地表的自然剥蚀率，成土速率更低，土壤允许侵蚀量远小于非喀斯特地区。实际上碳酸盐岩石山区域表层土粒处于负增长状态（白占国和万国江，1998），这是一种自然退化过程。除此之外，在地下水以垂直作用方式为主的地区会出现"土壤丢失"现象。喀斯特地区的"土壤丢失"与通常意义上的水土流失并不相同，土壤不需要远距离的物理冲刷就会从地表消失，导致溶蚀残余物质或地表原有的风化壳转入近地表岩溶裂隙，从根本上制约了地表残余物质的长时间积累和连续风化壳的持续发展（李德文等，2001）。这种自然退化过程的结果形成的土地类型定义为石质化土地，是地质时期自然环境演变的结果，以基岩大面积裸露为特征，它是一种地貌景观或实体，系亚热带湿热环境下喀斯特地区生态系统特殊的生态过程形成的特有的土地类型，土石按一定比例交互存在于石灰岩山丘、溶沟、溶隙与岩溶洼地中，有不同厚薄的土壤存在，在突起部分多裸岩分布。从时间上看，这种自然石质化过程主要在地质历史时期起作用，称地质尺度石质化。它常常导致基岩的大范围出露，从而形成典型的石林地貌，在我国已发现的此类表层喀斯特，主要分布在北纬 25°~26° 的热带亚热带地区，在国外也有分布。

2.1.2 生态系统土地退化过程

尽管灰岩出露后随生物量增长和土壤形成，形成以生物活动和土壤媒体过程为主导的喀斯特生态系统（潘根兴和曹建华，1999），但喀斯特生态系统普遍具有生境基岩裸露，土体浅薄，水分下渗严重，生境保水性差，以及基质、土壤和水等环境富钙的生态特征（屠玉麟，1995），喀斯特生态系统的土壤、水文过程决定了生物学过程中植被–土壤双层结构不发育，只有植被单层结构，如以石面、石沟、石缝面积的比例代表岩石的裸露率，茂兰喀斯特森林小生境岩石裸露率为 42.51%~98.05%，平均为 89.86%，石面石沟型和石面型是研究地区最普遍的组合类型（朱守谦等，2003），说明喀斯特山地存在"无土栽培"的特点（张竹如等，2001）。喀斯特生态系统岩石裸露率极高，无土或基本无土，然而植被覆盖率高，甚至有结构较为复杂的森林覆盖；但相对高的植被盖度，并不总意味着土地退化弱，反映了喀斯特生态系统中土壤、植被的差异演替和差异退化的特点。

喀斯特生态系统的生物学过程决定了在长期的演化过程中，可以形成无土或土层极为浅薄但发育较好的森林，喀斯特生态系统具有植被生产力低、土壤允许侵蚀量低、土壤分配强烈不均的特点，并且具有石生性，喀斯特森林是一种很典型的地形–土壤演替顶极（屠玉麟，1989），土壤条件对喀斯特森林群落生物量的控制作用，远大于气候条件（杨汉奎和程士泽，1991）。在喀斯特地区森林严重破坏之后，如果附近没有种源存在，要想依靠土壤种子库中的种子来恢复森林植被是很困难的，只能恢复草坡或早期灌丛植被（刘济明，1997）。即喀斯特生态系统的地表单层结构脆弱性特点决定了喀斯特生态系统有潜在石质化的趋势，可称为潜在石质化或生态系统石质化。

2.1.3 人为加速土地退化过程

人为加速土地退化过程主要发生在斜坡、陡坡地带，包括：山区有林地经砍伐退化为灌丛草地，进一步砍伐退化为荒草坡；山区有林地经毁林开荒变成坡耕地，经水土流失强烈退化；坡耕地经水土流失退化。这是一种与脆弱生态地质背景和人类活动相关联的土地退化过程，可以认为强烈的岩溶化过程是其产生的主要自然原因，人类对生态的破坏和土地的不合理利用是激发土地退化过程的主要人为因素（Yuan，1997），故定义为人为加速土地退化。

人为加速土地退化存在两种类型：①石灰岩区失去植被覆盖，裸露石灰岩；②白云岩地区失去林木后，山体上仅有很薄的粗砂性土壤，只生长植株矮小的草被，远看是光秃秃的荒山。人为加速土地退化如发展到顶极，则形成大片裸露的基岩，但其不一定与裸露的大面积基岩相关联。不同的利用方式下，植被、土壤与地表状况的差异退化过程是不一样的。

在中国西南岩溶山地，地形崎岖、交通与通信不便、经济落后、地区封闭等客观因素和大多数社会成员受利益驱动机制的影响产生的脱贫致富愿望的矛盾，导致人们自觉或不自觉地过度开采与掠夺土地资源，以此来维持不断增长的人口和生活水平需要，使喀斯特山区的生态系统遭到严重破坏，导致生态破坏与贫困恶性循环，最终使居住条件越来越恶化，耕地更加分散、贫瘠。但不可否认的是，历史和政策的失误对喀斯特土地退化问题的严重性负有不可推卸的责任（王跃，2002）。历史上贵州先后遭到四次较大规模的生态破坏：第一次是20世纪20~40年代的战争时期；第二次是50年代末，"大炼钢铁"高潮使大片原始林、次生林毁于一旦；第三次是在"文化大革命"期间"以粮为纲"，大搞开山造田，大肆砍伐林木；第四次是70年代末至80年代初，由于农村经济体制变动，有关配套措施没有及时跟上，又使林木遭到严重破坏。近几年进行的"村村通公路"工程，由于资金不足和技术监督管理不到位等，基本上没有采取防止水土流失的措施，致使这成百上千条乡间公路成为造成水土流失和加剧石漠化灾害的根源。在修建大型的基本建设项目时，一些建设单位为了取材方便，没有对石山环境保护多加考虑，随意开采，也使石山地区的环境破坏严重。

2.2 石漠化概念的由来

2.2.1 国外的认识

经典喀斯特地区位于斯洛文尼亚境内（其中很小部分位于意大利），其面积为238km²，实际上是更大的喀斯特高原地区的一部分。经典喀斯特地区传统上以裸露、非森林石质草原地区著称，这种景观特征是在过去的两千年里，该地区遭受了严重的森林砍伐、水土流失和荒漠化而形成的。17~19世纪被认为是森林破坏的高峰期（Kaligarič and Ivajnsič，2014）。各种记载形象地反映了经典喀斯特地区曾经发生的荒漠化特点，如"The earth is very stony ... In some places one may see for miles, but everything is grey, nothing is green, everything is covered by rocks ... The people are lacking water, yes; they are completely without it ... Sometimes they do not have any wood and very small fields"、"in such a civilized Europe, so hopeless an image of a bare and treeless landscape!" 这些描述表明，在经典喀斯特地区一些地点已彻底发生了荒漠化（Sauro，1993）。

2.2.2 国内 20 世纪 80~90 年代的认识

国内外对喀斯特环境问题的认识基本上是同步的。20 世纪 90 年代以来，随着喀斯特地区以石漠化为主要特征的生态环境退化日益严峻，国内外对喀斯特地区的研究重点有了明显变化，从原来的侧重地貌过程（Bogli，1980；宋林华，2000）和水文过程（谭明，1993）的研究转变到喀斯特生态系统脆弱性和人类影响、喀斯特地区的环境退化、生态重建等方面研究上来（贾亚男和袁道先，2003；蒋勇军等，2004）。联合国教育、科学及文化组织（United Nations Educational，Scientific and Cultural Organization，UNESCO）和国际地球科学计划（International Geoscience Programme，IGCP）共同资助的喀斯特地区生态环境研究计划，从"地质、气候、水文和喀斯特的形成""喀斯特作用和碳循环""全球喀斯特生态系统对比"到"喀斯特含水层和水资源全球对比研究"也反映了这一趋势（袁道先，2001）。

"石漠化灾害"一词自 20 世纪 80 年代初期提出（Williams，1993；袁道先，1981）。袁道先采用"石漠化"概念，杨汉奎（1995）采用"喀斯特荒漠化"概念，用来表征植被、土壤覆盖的喀斯特地区转变为岩石裸露喀斯特景观的过程。但是，尽管 80 年代有少量的有关文献提及石漠化问题，但直到 90 年代才在正式发表的学术刊物上出现了以石漠化为核心问题的研究论文（苏维词和周济祚，1995）。

2.3 石漠化的概念

2.3.1 关于喀斯特石漠化的各种观点

目前关于石漠化的定义可归纳为：①石漠化是一种退化土地或土地退化现象（周政贤等，2002；张殿发等，2001）；②石漠化是一种土地退化过程，所形成的土地称为石漠化土地（屠玉麟，1996；王世杰，2002）。喀斯特石漠化是土地荒漠化的主要类型，以脆弱的生态地质环境为基础，以强烈的人类活动为驱动力，以土地生产力退化为本质，以出现类似荒漠景观为标志。

上述定义尽管认识到土地生产力退化是石漠化的本质，但由于注重对石漠化地表形态和景观变化的描述，忽视了石漠化的生态退化过程，即土地系统功能的退化。首先，石漠化过程与石漠景观没有必然联系，在西南亚热带季风气候条件下，只要人为干扰不超出一定范围，自然条件下不可能形成大范围的类荒漠景观；其次，自然形成的裸岩景观（如冰川刨蚀形成的裸岩地）和人为活动（如陡坡开垦造成表土冲刷致使基岩裸露）形成的石质坡地明显不同，后者才能称为石漠化（熊康宁等，2002）。不同土地利用类型的石漠化表现形式有所不同，并非所有的石漠化过程均使土地出现类似荒漠的景观。因此，忽视由石漠化引起的喀斯特生态系统生态过程的变化，是难以揭示不同石漠化类型的共同本质的。

2.3.2 石漠化的灾害属性

就灾害学角度而论，石漠化与其他灾害一样，它具有承灾体、孕灾因子、孕灾环境、灾害分类与区划、风险度评估、灾害监测和预测及防灾减灾对策等灾害学属性与范畴。单从孕灾环境来说，石漠化是大气圈、水圈、岩石圈、生物圈及人为环境综合作用的产物，其中，水是焦点，土是关键，植被是触发点。石漠化作为灾害未引起重视的原因可能是它对人类的直接影响相对较小，往往带来间接影响。但其危害性是严重的，会引发连锁的灾害效应：水土流失—石漠化—旱涝灾害加重—生态系统崩溃，或者诱发其他自然灾害，如洪涝、干旱、水土流失等（王世杰，2003；王世杰和张殿发，2003；Wang et al.，2002）。同时，该灾害不像某些自然灾害能在短期内消减，而要持续相当长的时间才能恢复正常状态，短则几十年，如森林的恢复，长达数百年甚至上千年（如土壤的恢复）。在空间上则表现为具有扩张性特点，即灾害发生的地理范围由于环境因子的相互作用和影响会逐渐扩展，超出原来灾变范围。与其他自然灾害相比，石漠化有其特有的属性和形成过程。

2.3.2.1 自然属性

石漠化具有区域性、渐发性、潜发性（隐蔽性）、生态破坏性、难恢复性（严重性）与持续性等特点（王世杰等，2003）。从地质生态演变角度出发，石漠化灾害有6种自然属性，即特定的地质背景、地质作用过程、生物学过程、景观特征、空间范围与时间尺度，可以归纳为不同退化程度、不同发生时间、不同级别的地-空能量效应与不同时空表现形式4个方面。

2.3.2.2 社会属性

石漠化有4种社会属性，具体如下。

1) 人地负耦合属性：近年对灾害脆弱性的研究，已使人们从根本上认识到，对灾情形成机制的理解，必须基于对资源开发利用行为的认识，这一情况首先体现在区域土地利用格局方面（史培军等，2001）。石漠化灾害是土地不合理利用发展到一定阶段的产物，只有人类活动与脆弱的喀斯特环境之间的不协调达到渐近或超越临界，才产生石漠化灾害。因此，只有不协调的土地利用达到一定的阶段，土地生产力超载达到一定水平，石漠化及其相关的灾害链才能威胁生存环境和造成经济损失。

2）与贫困具有相关性：石漠化使土地资源耗竭，导致直接依赖土地产出的经济系统崩溃，同时也使喀斯特环境丧失人类生存的基本条件，陷入生境恶化—贫困的恶性循环，当地人们成为一类新的灾民——生态灾民。石漠化发生区已成为我国农村贫困程度最深、社会经济发展严重滞后的地区（王世杰和张殿发，2003），也是我国四大地质生态灾难中最难整治、最难摆脱贫困的地区（杨汉奎，1995）。

3）可控制属性：对于自然灾害，我们无法完全控制。但对于石漠化灾害，我们可以将其控制在社会可持续发展所接受的范围内，通过人为调控，可最大限度地减少石漠化灾害带来的损失。

4）随社会经济发展的逆转演替属性：石漠化的发生有着深刻的社会经济背景；同时，随着社会经济的发展，原有经济背景不再，石漠化必然会逆转演替。

2.3.2.3 石漠化的环境效应

人类活动通过改变生境多样性、生态系统结构和生物地球化学循环影响生态系统服务功能（郑华等，2003）。石漠化这种由不合理的人为活动引起的土地退化，会对生态系统产生一些负面的、不可逆的影响，其危害包括以下几个方面。

1）可耕地面积减少。据调查，2000 年与 1975 年对比，广西石灰岩分布区耕地面积约减少 10%。

2）水源涵养能力下降，地下径流变化幅度增大，表层带岩溶泉枯竭。由于松散土和植被的减少，地面径流的调节能力减弱，部分流失的土壤充填了地下水道与蓄水空间，淤积了地表水库及塘堰，使得可调蓄利用的水资源减少，年径流动态变幅加大，部分泉和暗河枯季流量大幅度减少，甚至干涸，导致旱季更加缺水。

3）洪涝灾害加剧，土地生产力降低。石漠化地区原本就存在承灾阈值弹性小、喀斯特旱涝灾害频繁的特点，地表裸岩增加和森林植被减少，其调节缓冲地表径流的能力也随之降低。一遇中到大雨，易形成洪涝灾害。

4）土壤肥力下降。由于土壤瘠薄，土壤颗粒及其所吸附的营养元素和农药易转移到水中，既污染了水质，又造成土壤肥力下降及粮食产量降低，使贫困面积扩大，脱贫难度增加。

5）引起小气候环境恶化，年降水量减少。

6）造成岩溶生态系统内植物种群数量下降，植被结构简单化，破坏了生物种群多样化。

7）毁坏生态自然景观，造成旅游价值降低以致丧失，影响岩溶区这一优势资源的开发利用，同时也会毁坏生态自然景观，破坏生物多样性。

8）引起土地利用/土地覆被变化，进一步导致岩溶水水质变化（贾亚男和袁道先，2003）。

2.3.3 土地退化与石漠化

土地退化通常指人为因素或气候诱发的对土地和相关生态系统功能有负面影响的过程（Hudson and Alcántara-Ayala，2006）。土地退化过程受自然环境和人类活动两大因素驱动，退化过程包括疑似退化、历史退化、敏感退化、弹性退化、持续退化和永久退化6种状态（郭晓娜等，2019）。土地退化并不意味着生产力的丧失，而是与景观尺度上生产力的再分配有关。石漠化的本质是土地退化，但石漠化不等于土地退化，两者之间应该有度的差别及其规定，否则就没有必要在土地退化的基础上再提出一个石漠化的概念。石漠化是一种人为活动导致的荒漠化，指以类荒漠景观为标志的严重土地退化，与土地退化相比，石漠化一方面多了一个"度"的概念；另一方面突出了一个"景观"的特色。因此不能简单地将植被退化、水土流失或土壤肥力下降都算作石漠化（图2.1）。石漠化的度量指标包括生产力下降程度、人类活动影响程度、荒漠化景观度等。

可对"土地退化""石漠化""石漠"作以下方面的度的规定：土地生产潜力丧失25%以下，但不影响目前土地利用方式，并且土地有自我恢复的可能性，是为土地退化；土地生产潜力下降75%以上，几乎无生产利用价值，且恢复其生产力从经济上是不可能的，是为石山荒漠；土地生产潜力下降25%~75%，影响目前的土地利用方式，但在采取人为措施的情况下，可以恢复土的生产力，是为石漠化。

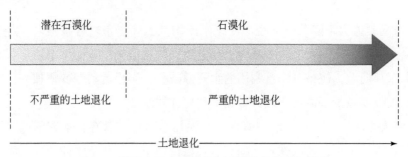

图2.1 岩溶山地土地退化与石漠化的区别与联系

2.3.4 关于石漠化驱动因子的认识

关于石漠化的形成机制，马孟尚等（2012）认为人类活动产生的酸性物质及自然界的酸性物质共同作用于碳酸盐岩，现代石漠化的演化实质就是酸性物质对碳酸盐岩溶蚀后，酸不溶物流失的过程，在研究石漠化演化进程时应着重分析人类活动产生的酸性物质与石漠化的"双循环"模式。蓝安军等（2001）指出地表植被覆盖率、喀斯特面积、河网密度、未利用地、耕地面积、平均海拔、土地垦殖率、草地和 ≥25°坡地面积 9 个因子是喀斯特石漠化的重要驱动力。李森等（2009）认为，人为活动对粤北土地石漠化的贡献率远大于气候变化的贡献率，前者是石漠化发展、逆转的主要驱动力，后者则是次要驱动力。杨汉奎（1995）认为人为扰动与人口超载是喀斯特石漠化产生的原因。李森等（2007）认为，自康乾盛世以来，人为因素对石漠化的作用逐渐超过了自然因素的作用。Xu 和 Zhang（2014）研究了岩性、道路、土壤、人口、植被、沉降、坡度、经济驱动因子对石漠化进程的贡献程度及其相互作用，认为岩性、道路、土壤是最重要的驱动因子，相对于人文要素而言，自然要素是导致石漠化状况更为严峻的影响因子。还有研究认为农户对土地的粗放经营才是石漠化形成的本质原因，因此在石漠化治理中如何提高农户对土地的经营水平才是治理成功的先决条件（苗建青等，2012）。也有研究者认为地质因素在决定石漠化宏观生态格局中起着首要作用（Jiang et al.，2020），土地石漠化研究中，如果忽视了地球内动力作用机制，而过分强调人类不合理活动，就很难理解贵州省喀斯特生态环境脆弱性，也可能造成对石漠化成因研究及综合治理的误导（张殿发等，2001）。

石漠化地区存在的土地退化问题和喀斯特地区农民传统的土地利用方式没有必然的联系（翁乾麟，1997），石漠化土地面积发生扩展的本质原因是未能在沉重的人口压力和脆弱生态环境之间找到一种恰当的土地利用方式。地质基础与岩性、地形与地貌及气候等自然条件是石漠化产生的内在原因，而毁林毁草开荒、剧烈的陡坡垦殖等人文因素则是形成喀斯特地区土地系统目前石漠化景观格局的根本驱动力，土地石漠化以人为因素为主，是人为因素与自然因素共同作用的结果，石漠化土地退化过程中存在社会经济反馈、动力反馈和生物原反馈等多层次反馈结构（图 2.2）。社会经济反馈发生在社会经济系统内部，这种反馈过程是贫困地区最主要最普遍的一种形式，导致人地关系进一步恶化；要改变这种过程，必须使区域社会经济得到真正发展，使喀斯特地区居民增强生态环境意识，合理增收，促使人地关系朝良性方向发展。动力反馈主要是人为不合理活动使得水土资源流失作用进一步加强，从而加速了土地石漠化进程。生物原反馈主要发生在自然系统内部，Schlesinger 等（1990）研究表明，这种模式适于全球的土地荒漠化模式，但喀斯特生态系统的这种反馈更脆弱。

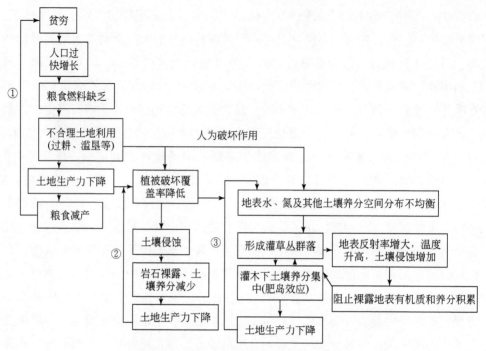

图 2.2　岩溶土地石漠化的多层次反馈作用
①为社会经济反馈；②为动力反馈；③为生物原反馈

2.4　对喀斯特石漠化的新认识

2.4.1　石漠化土地退化的本质

生态服务功能是指自然生态系统及其物种共同支撑和维持人类生存的条件和过程（Costanza et al.，1997）。喀斯特山区的土地退化和石漠化实际上就是喀斯特生态系统服务功能的下降和丧失（表 2.1），即其作为养分库、水库和基因库等功能的下降和消失（李阳兵等，2005），从而导致土地承载力下降。因此，石漠化是一种功能性荒漠化，石漠化土地是一种不健康的土地利用系统。

表 2.1　不同等级石漠化土地的生态服务功能比较

石漠化等级	气候调节	水分调节与供给	侵蚀控制与土壤形成	养分循环	栖息地	食物生产	遗传资源
轻度石漠化	差	差	差	差	差	差	差

续表

石漠化等级	气候调节	水分调节与供给	侵蚀控制与土壤形成	养分循环	栖息地	食物生产	遗传资源
中度石漠化	较差	较差	较差	较差	较差	较差	较差
强度石漠化	极差	极差	极差	极差	极差	极差	极差

2.4.2　由传统认识到新认识

关于喀斯特石漠化及其形成原因的研究表明，石漠化是脆弱生态背景下的不合理土地利用引起的，但当前研究对不合理的土地利用出现的原因却没有进一步解释。我们试从喀斯特山地的脆弱性和土地承载力角度进行深入分析。

喀斯特环境脆弱性的表现之一是其承载容量低，据峰丛洼地石山土地类型测算，单位面积上可耕地仅占20%~30%，难利用的石质山地比例可达50%以上，其人口密度为52~100人/km²，是贵州人口密度较低的地区（杨明德，1990）。相对于其他土地系统，喀斯特山地相对缺乏耕地资源。因此，有研究认为农耕、农牧型人地关系对石漠化的作用最大（胡江华，2013）。石漠化过程主要发生在陡坡耕地上，石漠化面积扩大，促使旱坡耕地面积减少（韩昭庆和陆丽雯，2012）。有研究表明，53.93%的农户选择农业种植为主要生计策略，其中，潜在石漠化地区选择农业种植的比例高达79.55%，轻度石漠化地区选择农业种植的比例为60.87%，中度石漠化地区选择农业种植的比例为44.19%，重度石漠化地区选择农业种植的比例为31.11%（吕杰等，2014）。基于此认识，我们将从石漠化发生的社会因素和自然因素出发，基于其相互关系，构建了耦合自然、人文驱动因素的喀斯特石漠化形成系统模型，如图2.3和图2.4所示。

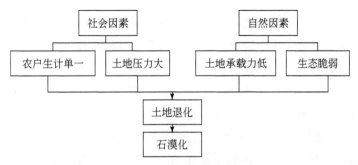

图 2.3　石漠化的发生机制

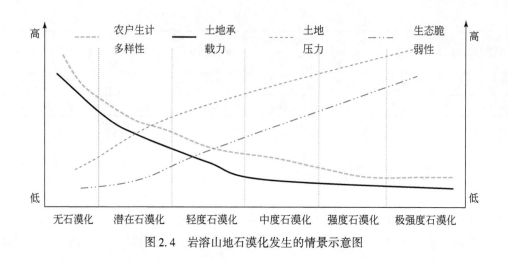

图 2.4　岩溶山地石漠化发生的情景示意图

　　该模型表明，较严重的石漠化往往发生在土地承载力低和土地压力大的区域，在这些区域，农户因生计方式单一不得不进行陡坡垦殖等不合理活动。在中国农村人口受户口限制能自由流动之前，西南岩溶山地农户以农业种植为主要生计。因此，大部分区域的大部分石漠化土地成因都可用此模型进行解释；岩溶山地农户在低土地承载力胁迫背景下，不得不进行坡地垦殖等土地利用活动，不能视为不合理活动。石漠化是岩溶山地人口增加打破了低土地承载力和低生产力背景下维系的人地脆弱平衡，而引发的土地退化。贵州省喀斯特石漠化的实质是人口与土地资源承载能力之间的不协调，其中最关键的又是粮食供应与耕地需求之间的矛盾（程安云等，2010）。石漠化土地发生扩展的本质原因是未能在沉重的人口压力和脆弱生态环境之间找到一种恰当的土地利用方式，其实质就是在低土地承载力背景下，过伐、过垦、过牧。未来应探索一种具有较高经济效益的土地利用模式。

　　要摆脱经济贫困–生态恶化的恶性循环，需从石漠化的形成原因入手，加快改变人的行为模式和生产方式。在石漠化地区，土地资源有限，因此探索一种经济生态双赢的土地利用模式，在保证生态效益的前提下，使其产生较高的经济效益，是石漠化治理过程中的一项基本措施。具体的实施办法为：在农耕地上，逐步减少种植经济效益低、易造成水土流失的作物，如玉米等；巩固退耕还林还草成果、坚决杜绝开垦新的坡耕地；扩大经济果林的种植规模（郭红艳等，2014）。同时，还需要从本地居民生活和生计出发（刘建民，2013），把石漠化治理与农业综合开发密切结合起来，来推进石漠化的防治。通过土地功能提升和土地多功能利用，努力缓解土地压力，消除土地石漠化的人为动因，实现发展、环境与生存之间的平衡（Cheng et al.，2012）。

2.4.3 展望

2.4.3.1 石漠化如何研究

1）研究内容上，重视对自然和人文要素定量的研究，特别是人文要素的研究。研究岩溶山地复杂自然条件下形成的土地承载力特点及其空间分异与岩溶土地压力特点及其空间分异、农户生计演变及其空间分异的关系。以岩溶山地为对象，建立岩溶山区人地关系行为机制模型，将土地质量变化的自然生态过程和农户对外部环境做出反应的经济行为进行综合考察，耦合自然生态过程和农户经济行为。模拟农户经济行为对外部社会经济环境变化的响应，然后通过农户经济行为（包括土地利用等）对石漠化过程的影响，模拟政策等外部社会经济因素变化对石漠化的影响（石敏俊和王涛，2005）。重点对当前正在实施的石漠化生态治理建设政策所带来的生态经济效果进行分析，以期对今后石漠化防治政策提供启示。人地相互作用的脆弱性、恢复性也被认为是当代人地相互作用机制研究的重大科学问题之一（史培军等，2016），可引入恢复力对岩溶地区乡村进行研究，借助宏观生态学领域中的恢复力相关概念阐释石漠化地区乡村空间演变规律，探讨在多重背景下岩溶地区乡村空间演变的适应性循环过程。

2）研究时空尺度上，重视对三维空间变化的研究。石漠化地区的很多地理要素是在三维空间上发生变化，如岩溶槽谷区、岩溶高原峡谷区的植被、气候、土地利用、乡村聚落等要素，在不同的坡向、坡度、高程都有明显的分异，再加上时间序列的研究，才能完整地表达岩溶地区石漠化变化过程、格局和机制。

3）研究方法上，重视多种技术手段的综合应用。加强"3S"技术及其他方法的结合，在石漠化空间格局和监测上充分运用中高分辨率遥感数据，而在人文要素（如对石漠化地区农户的跟踪调查）方面，也要运用 RS、参与式评估（participatory rural appraisal，PRA）方法，结合 GIS、GPS 等统计和计量分析手段，建立农户生计–土地利用–石漠化等级多空间尺度数据库，对三者之间相互关系进行动态回归分析和预测。此外，还需要采用系统分析方法建立数据模型进行模拟分析。

4）研究学科上，跨学科的研究将成为石漠化研究的趋势。从最初重视石漠化自然过程的研究，到自然–人文过程的综合研究，石漠化研究学科也要在地质学、地貌学、水文学、土壤学、生态学、地理学、环境科学等学科研究基础上，引入更多的历史地理学、文化生态学、区域经济学、地缘政治学等方面的研究。

2.4.3.2 石漠化如何治理

从"九五"期间开始,我国就将西南岩溶石山区综合开发治理列为国家科技攻关计划的优先项目,在试验区同时推进区域可持续发展与科技脱贫措施。自 2008 年启动岩溶地区石漠化综合治理一期工程实施以来,截至 2015 年,西南地区 316 个重点县岩溶土地治理面积达 6.6 万 km^2,石漠化治理面积达 2.25 万 km^2。在"十三五"期间,石漠化治理主要着力加强林草植被保护与恢复,着力发展草食畜牧业,着力推进水土资源的合理利用,加快长江经济带生态屏障建设,加快区域脱贫攻坚步伐,加快构建区域人与自然和谐发展的新局面。目前,在喀斯特槽谷区、喀斯特高原、喀斯特断陷盆地、喀斯特峰丛洼地分别就土地石漠化与综合治理技术研发、石漠化综合治理生态产业技术与示范研究、石漠化演变及治理技术与示范、石漠化治理与生态服务提升技术等进行试点研究(蒋勇军等,2016;熊康宁等,2016;曹建华等,2016;王克林等,2016)。今后石漠化如何治理?本研究认为,需要从以下方面深入思考。

1)重点致力于在低土地承载力背景下,找到实现经济效益、生态效益双赢的土地利用方式,从而使有限的农业土地利用能满足农户生计。

2)如何促进农户生计策略从原来的破坏生态型转向保护生态型?针对该问题,在石漠化的治理过程中,一方面要充分发挥示范区的示范和带动作用,总结提炼现有模式,激发农户积极性;另一方面也要重视农户对石漠化生态治理的响应,让农户顺应多重背景下乡村转型带来的农户生计的变化。

2.5 本章小结

本章探讨了石漠化的由来和对石漠化概念认识的演变,构建了耦合自然、人文驱动因素的喀斯特石漠化形成系统模型。

参 考 文 献

白占国,万国江.1998.贵州碳酸盐区域的侵蚀速率及环境效应研究 [J]. 土壤侵蚀与水土保持学报, 4(1):1-7,46.

曹建华,邓艳,杨慧,等.2016.喀斯特断陷盆地石漠化演变及治理技术与示范 [J]. 生态学报, 36(22):7103-7108.

程安云,王世杰,李阳兵,等.2010.贵州省喀斯特石漠化历史演变过程研究及其意义 [J]. 水土保持通报,30(2):15-23.

郭红艳,周金星,唐夫凯,等.2014.西南岩溶石漠化地区贫困与反贫困策略研究——以关岭县三家寨村

为例 [J]. 中国人口·资源与环境, 24 (3): 326-329.

郭晓娜, 陈睿山, 李强, 等. 2019. 土地退化过程、机制与影响——以土地退化与恢复专题评估报告为基础 [J]. 生态学报, 39 (17): 6567-6575.

韩昭庆, 陆丽雯. 2012. 明代至清初贵州交通沿线的植被及石漠化分布的探讨 [J]. 中国历史地理论丛, 27 (1): 29-36, 46.

胡江华. 2013. 生态系统动态模型与石漠化治理 [J]. 生态经济, (1): 169-173.

贾亚男, 袁道先. 2003. 土地利用变化对水城盆地岩溶水水质的影响 [J]. 地理学报, 58 (6): 831-838.

蒋勇军, 袁道先, 张贵, 等. 2004. 喀斯特流域土地利用变化对地下水水质的影响——以云南小江流域为例 [J]. 自然资源学报, 19 (6): 707-715.

蒋勇军, 刘秀明, 何师意, 等. 2016. 喀斯特槽谷区土地石漠化与综合治理技术研发 [J]. 生态学报, 36 (22): 7092-7097.

蓝安军, 熊康宁, 安裕伦. 2001. 喀斯特石漠化的驱动因子分析——以贵州省为例 [J]. 水土保持通报, 21 (6): 19-23.

李德文, 崔之久, 刘更年. 2001. 岩溶风化壳形成演化及其循环意义 [J]. 中国岩溶, 20 (3): 183-188.

李森, 董玉祥, 王金华. 2007. 土地石漠化概念与分级问题再探讨 [J]. 中国岩溶, 26 (4): 279-284.

李森, 王金华, 王兮之, 等. 2009. 30 年来粤北山区土地石漠化演变过程及其驱动力——以英德、阳山、乳源、连州四县 (市) 为例 [J]. 自然资源学报, 24 (5): 816-826.

李阳兵, 王世杰, 周德全. 2005. 茂兰岩溶森林的生态服务研究 [J]. 地球与环境, 33 (2): 39-44.

刘济明. 1997. 黔中喀斯特植被土壤种子库的初步研究 [A] // 朱守谦. 喀斯特森林生态研究 (II) [C]. 贵阳: 贵州科技出版社.

刘建民. 2013. 生态与生计: 广西大石山区石漠化治理研究——以马山县古寨瑶族乡古朗屯为例 [J]. 广西民族研究, (3): 177-182.

吕杰, 袁希平, 甘淑. 2014. 滇东南岩溶石漠化地区农户生计策略选择及其驱动力研究 [J]. 江西农业学报, 26 (3): 128-133.

马孟尚, 傅瓦利, 石文龙, 等. 2012. 人类活动产生的酸性物质对我国石漠化的影响 [J]. 长江大学学报 (自然科学版), 9 (6): 39-43.

苗建青, 谢世友, 袁道先, 等. 2012. 基于农户-生态经济模型的耕地石漠化人文成因研究——以重庆市南川区为例 [J]. 地理研究, 31 (6): 967-979.

潘根兴, 曹建华. 1999. 表层带岩溶作用: 以土壤为媒介的地球表层生态系统过程——以桂林峰丛洼地岩溶系统为例 [J]. 中国岩溶, 18 (4): 287-296.

石敏俊, 王涛. 2005. 中国生态脆弱带人地关系行为机制模型及应用 [J]. 地理学报, 60 (1): 165-174.

史培军, 宋长青, 景贵飞. 2001 加强我国土地利用/覆盖变化及其对生态环境安全影响的研究 [J]. 地球科学进展, 17 (2): 161-168.

史培军, 王静爱, 陈婧, 等. 2016. 当代地理学之人地相互作用研究的趋向——全球变化人类行为计划 (IHDP) 第六届开放会议透视 [J]. 地理学报, 61 (2): 115-126.

宋林华.2000. 喀斯特地貌研究进展与趋势 [J]. 地理科学进展, 19 (3)：193-202.

苏维词, 周济祚.1995. 贵州喀斯特山地的石漠化及防治对策 [J]. 长江流域资源与环境, 4 (2)：177-182.

谭明.1993. 喀斯特水文地貌学 [J]. 科学通报, 38：1921-1924.

屠玉麟.1996. 贵州土地石漠化现状及成因分析 [A] //李箐. 石灰岩地区开发治理 [C]. 贵阳：贵州人民出版社.

屠玉麟.1989. 贵州喀斯特森林的初步研究 [J]. 中国岩溶, 8 (4)：282-290.

屠玉麟.1995. 贵州喀斯特灌丛群落类型研究 [J]. 贵州师范大学学报, 13 (5)：8-9.

王克林, 岳跃民, 马祖陆, 等.2016. 喀斯特峰丛洼地石漠化治理与生态服务提升技术研究 [J]. 生态学报, 36 (22)：7098-7102.

王世杰.2002. 喀斯特石漠化概念演绎及其科学内涵的探讨 [J]. 中国岩溶, 21 (2)：101-105.

王世杰.2003. 喀斯特石漠化——中国西南最严重的生态地质问题 [J]. 矿物岩石地球化学通报, 22 (2)：120-126.

王世杰, 李阳兵, 李瑞玲.2003. 喀斯特石漠化的形成背景、演化与治理 [J]. 第四纪研究, 23 (6)：657-666.

王世杰, 张殿发.2003. 贵州反贫困系统工程 [M]. 贵阳：贵州人民出版社.

王跃.2002. 中国荒漠化病因诊断 [J]. 中国沙漠, 22 (2)：118-121.

翁乾麟.1997. 广西石山地区土地利用的传统模式及其意义 [J]. 广西民族研究, 12：8-17.

熊康宁, 黎平, 周忠发, 等.2002. 喀斯特石漠化的遥感-GIS 典型研究——以贵州省为例 [M]. 北京：地质出版社.

熊康宁, 朱大运, 彭韬, 等.2016. 喀斯特高原石漠化综合治理生态产业技术与示范研究 [J]. 生态学报, 36 (22)：7109-7113.

杨汉奎.1995. 喀斯特荒漠化是一种地质生态灾难 [J]. 海洋地质与第四纪地质, 15 (3)：137-147.

杨汉奎, 程士泽.1991. 贵州茂兰喀斯特森林群落生物量研究 [J]. 生态学报, 11 (4)：307-312.

杨明德.1990. 论喀斯特环境的脆弱性 [J]. 云南地理环境研究, 2 (1)：21-29.

袁道先.1981. 袁道先院士 1981 年在美国科技促进年会 (AAAS) 的学术报告 [R].

袁道先.2001. 全球岩溶生态系统对比：科学目标和执行计划 [J]. 地球科学进展, 16 (4)：461-466.

张殿发, 王世杰, 周德全, 等.2001. 贵州省喀斯特地区土地石漠化的内动力作用机制 [J]. 水土保持通报, 21 (4)：1-5.

张信宝, 王世杰, 曹建华, 等.2010. 西南喀斯特山地水土流失特点及有关石漠化的几个科学问题 [J]. 中国岩溶, 29 (3)：274-279.

张竹如, 李燕, 王林均, 等.2001. 贵州岩溶石漠化地区生态环境恢复的初步研究——贵阳黔灵山的启示 [J]. 中国岩溶, 20 (4)：310-314.

郑华, 欧阳志云, 赵同谦, 等.2003. 人类活动对生态系统服务功能的影响 [J]. 自然资源学报, 18 (1)：118-126.

周政贤，毛志忠，喻理飞．2002．贵州石漠化退化土地及植被恢复模式 ［J］．贵州科学，20（1）：1-6.

朱守谦，何纪星，魏鲁明，等．2003．茂兰喀斯特森林小生境特征研究 ［A］//朱守谦．喀斯特森林生态研究（Ⅲ）［C］．贵阳：贵州科技出版社．

Bogli A. 1980. Karst Hydrology and Physical Speleology ［A］. Berlin：Springer-Verlag.

Cheng R S, Ye C, Cai Y L, et al. 2012. Integrated restoration of small watershed in Karst regions of Southwest China ［J］. Ambio, 41（8）：907-912.

Costanza R, d'Arge R. Rudolf de Groot, et al. 1997. The value of the world's ecosystem services and natural capital ［J］. Nature, 38（7）：253-260.

Hudson P F, Alcántara-Ayala I. 2006. Ancient and modern perspectives on land degradation ［J］. Catena, 65：102-106.

Jiang M, Lin Y, Chan T O, et al. 2020. Geologic factors leadingly drawing the macroecological pattern of rocky desertification in southwest China ［J］. Scientific Reports, 10：1440.

Kaligarič M, Ivajnsič D. 2014. Vanishing landscape of the "classic" Karst：Changed landscape identity and projections for the future ［J］. Landscape and Urban Planning, 132：148-158.

Sauro U. 1993. Human impact on the Karst of the Venetian Fore-Alps, Italy ［J］. Environmental Geology, 21：115-121.

Schlesinger W H, Reynolds J F, Cunningham G L, et al. 1990. Biological feedbacks in global deserfication ［J］. Science,1990：1043-1047.

Wang S J, Zhang D F, Li R L. 2002. Mechanism of rocky desertification in the Karst mountain areas of Guizhou Province, Southwest China ［J］. International Review for Environmental Strategies, 3（1）：123-135.

Wang S J, Liu Q M, Zhang D F, et al. 2004. Karst rocky desertification in southwestern China：Geomorphology, land use, impact and rehabilitation ［J］. Land Degradation & Development, 15：115-121.

Williams P W. 1993. Karst terrain, environmental changes and human impact on Karst terrains ［J］. Catena Supplement, 25：1-19.

Xu E Q, Zhang H Q. 2014. Characterization and interaction of driving factors in Karst rocky desertification：a case study from Changshun, China ［J］. Solid Earth, 5（2）：1329-1340.

Yuan D X. 1997. Rock desertification in the subtropical Karst of south China ［J］. Zeitschrift für Geomorphologie N. F., 108：81-90.

第3章　石漠化的类型划分

对石漠化的认识过程中，曾经对喀斯特石漠化分类缺乏严格意义上的划分标准，也没有形成统一的评价指标体系（黄秋昊等，2007）。基岩裸露率，不仅在客观上代表了可治理的土地面积，且容易量化，因此，较多的研究选取了裸岩率作为石漠化评价指标。石漠化形成主导性因子类型的多样化形成了不同的喀斯特石漠化过程，也就是说依据成因进行喀斯特石漠化分类是对不同石漠化过程的区分，在不同的过程基础上再对石漠化程度分级，能更全面地反映石漠化现实状态。因此，有研究者认为先分类后分级才是正确的评价顺序（张文源和王百田，2015）。本章将对当前石漠化的分类分级成果进行梳理总结，并在此基础上，提出自己的思考。

3.1　关于石漠化类型划分的进展

3.1.1　按景观指标划分石漠化严重程度等级

在早期的实际工作中往往将石漠化等同于基岩裸露，其关于石漠化强度与等级的划分存在以下不同方案：

1）采用基岩裸露率+土被覆盖率，将石漠化强度等级划分为无石漠化、潜在石漠化、轻度石漠化、中度石漠化和强度石漠化5个类型（兰安军等，2003）。

2）将岩石裸露所占面积达70%以上的地带划分为石漠化地区（王瑞江等，2001），裸露的碳酸盐岩面积小于50%的地区为无明显石漠化区（吕涛，2002）。

3）基于地表形态根据基岩裸露面积、土被面积、坡度、植被加土被面积、平均土厚将石漠化强度分为无明显石漠化、潜在石漠化、轻度石漠化、中度石漠化、强度石漠化、极强度石漠化，发现轻度以上石漠化面积占贵州全省土地面积的20.39%（熊康宁等，2002）。

4）将岩石裸露面积大于土地总面积70%的土地划分为严重石漠化土地；岩石裸露所占面积达50%~70%的土地划分为中度石漠化土地；岩石裸露所占面积达30%~50%的土

地划分为轻度石漠化土地（王宇和张贵，2003）。

5）参照已有荒漠化分级标准和遥感信息特点，将区域出露的碳酸盐岩生态景观分为4个等级，即无石漠化（岩石裸露程度<30%）、轻度石漠化（岩石裸露程度达30%~50%）、中度石漠化（岩石裸露程度达50%~70%）和重度石漠化（岩石裸露程度>70%）（童立强，2003）。

6）根据裸岩面积百分比、现代沟谷面积比、植被覆盖率、地表景观特征（裸岩出露方式）、土地生产力下降率将石漠化程度分为轻度、中度、强度（Wang et al.，2002）。

2007年以前，一些研究者在石漠化评价指标选择和石漠化强度与等级的划分等方面做过一些定性研究，但仍需进一步深入研究。2007年以后，一些研究者继续进行了石漠化等级的划分，大多数以岩石裸露率30%作为潜在石漠化与轻度石漠化的界线、50%作为轻度石漠化与中度石漠化的界线、70%作为中度石漠化与强度石漠化的界线、90%作为强度石漠化与极强度石漠化的界线（表3.1）。需要指出的是，景观指标只是度量喀斯特石漠化程度的必要条件，而非充分条件，其仅体现了喀斯特石漠化外部显著特征的差异，却忽略了土地生产力退化这一实质问题。因此，这类分级方法并不能从本质上体现喀斯特石漠化程度。

表3.1　各等级石漠化岩石裸露率　　　　　　　　（单位：%）

文献	无石漠化岩石裸露率	潜在（微度）石漠化岩石裸露率	轻度石漠化岩石裸露率	中度石漠化岩石裸露率	强度石漠化岩石裸露率	极强度石漠化岩石裸露率
Huang and Cai，2007			>60	>70	>80	
李森等，2007			30~50	50~70	70~90	>90
Yang et al.，2013			30~50	51~70	>70	
Xu et al.，2013	<20	20~30	31~50	51~70	71~90	>90
Zhang et al.，2014	<5		5~15	15~30	30~50	>50
陈燕丽等，2018		<30	30~65	65~80	>80	
Xu and Zhang，2018	0~20	21~30	31~50	51~70	71~100	
陈飞等，2018	<20	20~30	31~50	51~70	71~90	>90

石漠化是一种人为导致的荒漠化，指以类荒漠景观为标志的严重土地退化，与土地退化相比，石漠化多了一个"度"的概念和突出了一个"景观"的特色。因此不能简单地将植被退化、水土流失或土壤肥力下降都算作石漠化。在前人对石漠化分类研究的基础上，有研究者进一步明确无石漠化、潜在石漠化和石漠化土地的具体涵义，把岩溶山地退化土地类型划分如下（李阳兵等，2013）。

1）无石漠化（未发生土地退化）：指集中连片的林地和自然保护区，如盆地、坝子等［图3.1（a）］。

2）潜在石漠化（微度土地退化）：指土地生态系统已经发生了退化，但裸岩率<30%的岩溶坡地［图3.1（b）］。

3）石漠化（严重的土地退化）：指裸岩率>30%的坡地。进一步可划分为轻度石漠化、中度石漠化、强度石漠化和极强度石漠化［图3.1（c）~（f）］。

图3.1　不同等级石漠化实例

3.1.2　二次分类和多次分类

这种分类法先根据程度分级，再根据其他因子二次分类。这方面的分类方案有景观+成因分类（王世杰和李阳兵，2005）、裸岩+土地利用方式分类（李阳兵等，2006）等。下面主要介绍其中的两种分类方案。

（1）根据裸岩率和地面组成物质的综合分类

石漠化程度分级沿用现行的分级方法，按裸岩面积比例划分石漠化程度等级，共分无石漠化、轻度石漠化、中度石漠化和强度石漠化4级，依据石质土地面积比例划分地面物质组成类型，分为土质、土质为主、土石质、石质为主和石质5个土地等级；通过裸岩面积比例和石质土地面积比例叠加得到第2层分类。结果显示，石质或石质为主的坡地多为轻度以上的石漠化坡地，土质或土质为主的坡地多为无石漠化土地，土石质坡地为无石漠化或轻度石漠化或中度石漠化土地（张信宝等，2007）。

（2）"内因+外因+现状"3层分类系统

以贵州最为常见的白云岩、石灰岩区为例，从岩性出发并以治理工作为目标确立喀斯特石漠化分类分级方案（张文源和王百田，2014）。

1）划分石漠化土地。主要依据有3个：①位于南方湿润、半湿润地区碳酸盐岩分布区；②基岩大面积出露或地表石砾含量较高、土被覆盖较低；③土地生产力处于衰退状态并且以人类不合理开发利用自然资源为主要驱动力。

2）依据基岩类型划分岩性大区。

3）在每个岩性大区内划分土地利用类型。

4）确定各土地利用类型石漠化程度评价参数。

5）根据实际治理措施类别划分石漠化程度级别，即轻度石漠化（减轻人为干扰，无须治理）、中度石漠化（以调整土地利用方式为主，辅以治理工程）、重度石漠化（需停止一切人为干扰，重点治理）。

3.1.3　其他的分类方案

（1）按发生地貌类型划分

在西南岩溶山地，石漠化土地主要分布在长江上游的金沙江、乌江流域和珠江上游的红水河、南北盘江、左江、右江流域及国际河流红河、澜沧江、怒江流域，地理位置特殊。以贵州为例，强度石漠化集中分布于水城—安顺—惠水—平塘一线及其以南地区，中度石漠化和轻度石漠化亦连片分布于这一线附近及其西南地区，在毕节地区和黔中分布也较广，在黔东北和黔北则为零星分布（也和灰岩与碎屑岩互层组合有关）。即石漠化主要分布在古溶原解体、构造活动强烈的河流上游及河谷地带的典型峰丛山区、深切峡谷区，其次是溶蚀丘陵区等碳酸盐岩连续分布区。石漠化发生的微地貌类型可分为峰林溶原石漠化组合模式，峰丛洼地、峰林谷地石漠化组合模式，峰丛峡谷石漠化组合模式（兰安军，2003）。

（2）按岩性类型划分

按岩性可分为纯质灰岩、白云岩石漠化区，碳酸盐岩层与非碳酸盐类岩层互层、间层石漠化区。其中，纯质灰岩区形成仅有稀疏的藤刺灌丛覆盖的石海，白云质灰岩区形成稀疏植被覆盖的坟丘式荒原。石漠化与岩性具有明显的相关性，强度石漠化主要分布在纯质碳酸盐岩地区，尤其是纯质灰岩地区；中度石漠化在白云岩组合中的比例较灰岩组合中高；轻度石漠化在碳酸盐岩与碎屑岩夹层和互层中分布较广；石漠化与纯碳酸盐岩相关关系最明显（李瑞玲等，2003）。

（3）将喀斯特石漠化分为显性石漠化和隐性石漠化

以岩性、小生境种数、小生境组合、裸露石面面积、石砾含量和土壤总量，将喀斯特石漠化分为显性石漠化和隐性石漠化（王德炉等，2005）。发育在纯质石灰岩、白云质灰岩或灰质白云岩上的基岩裸露率较高，小生境种数在 3 种以上，小生境组合以石面-石沟型为主的归为显性石漠化类型；发育在白云岩上的基岩裸露率不高或基本不裸露，土体较连续，石砾含量极高，小生境组合单调的归为隐性石漠化类型。

3.1.4 讨论

上述多种石漠化等级划分方案本身往往缺乏充分的科学依据，使得各地区的石漠化土地汇总面积并不具有可比性。石漠化遥感解译有两种方案：一种是以石灰岩波谱特性和热性质参数为基础，直接从 TM 像元亮度（或灰度）数据中提取石漠化影像信息的方案；另一种是以植被波谱影像模型和图论为基础，通过对出露石灰岩区集合域与植被覆盖区集合域的图形关系进行逻辑运算，间接提取出裸露石灰岩分布区域的整体图形信息（即边界线信息）（吴虹等，2002）。这种遥感影像解译模式是根据基岩裸露、土被、坡度、平均土厚等来划分石漠化程度，根据遥感影像特征来解译石漠化面积，得到不同石漠化程度的土地面积。在西南喀斯特石漠化综合规划与治理中，利用遥感影像进行石漠化现状调查是必不可少的一步。但这种结果往往忽视了不同成因类型的石漠化土地的生态功能的差异性，有可能使石漠化治理的工程布局出现失误。换句话说，利用遥感影像根据景观特征解译石漠化土地面积是必不可少的，但必须有进一步的补充措施。

3.2　土地利用、土地覆被与石漠化的相关性

3.2.1　问题的提出

第 1 节中提到的石漠化评价指标体系存在以下几方面问题，影响了结果的可比性和可信性：①尽管已认识到石漠化以强烈的人类活动为驱动力，但石漠化分类评价中并没有考虑到土地利用这一主要影响因子，没有考虑石漠化土地的土地覆被类型；②评价标准选取不一，评价指标的数值范围缺乏严格的科学依据，很多的评价标准是作者的经验数据或是通过简单的野外调查而得，而不是建立在经过科学研究所获得的"基准"的基础上，因而缺乏有说服力的科学论据；③现有的评价指标体系缺乏空间尺度的界定和层次性，亦即评价指标大多是单一尺度的，因而不能针对不同区域、不同范围的石漠化土地进行分类与评价；④忽略了不同类型石漠化土地空间分布的生态学意义及其对区域石漠化整体程度的影响；但裸岩率高低并不总是代表石漠化程度的强弱，只有在高裸岩率、低生物量情况下才会发生强度石漠化（王世杰和李阳兵，2005），因此，石漠化研究中，既要重视岩石裸露率，更要重视植被变化特别是生产力的变化，重视这种变化的形成原因。因此，现行的石漠化程度分级标准，难以满足石漠化成因分析、石漠化治理规划编制和治理措施选择的需要（张信宝等，2007）。

土地利用对环境和生态的作用在全球环境变化研究领域受到高度重视。当前，国外发达国家和地区正致力于生态环境的优化，而且早已综合土地利用/土地覆被变化而进行土地持续利用模型研究（Veldkamp and Freso，1996）。本研究旨在把土地利用/土地覆被科学的新观念引入西南岩溶山地土地石漠化的理论研究，在概念上厘清土地利用/土地覆被和石漠化之间的关系，对喀斯特石漠化土地的本质特征作深入的探讨，期望为喀斯特石漠化理论的进一步研究，如为石漠化土地分类治理和植被恢复与生态重建工作等提供参考。

3.2.2　土地利用/土地覆被与喀斯特石漠化

3.2.2.1　土地利用/土地覆被的新诠释

"土地覆被"是一个与全球环境变化研究直接相关的新概念，国际地圈生物圈计划（International Geosphere-Biosphere Programme，IGBP）和国际全球环境变化人文因素计划

（International Human Dimensions Programme on Global Environmental Change，IHDP）将土地覆被定义为"地球陆地表层和近地面层的自然状态，是自然过程和人类活动共同作用的结果"。美国全球环境变化委员会将其定义为"覆盖地球表面的植被及其他特质"。土地利用是人类应用这些属性的目的和打算，实质就是地表人工化工程，它对周围环境的影响是深远的（Vitousek et al.，1997），其方式一经确定必将产生各种干扰作用。当前，土地利用/土地覆被科学研究取得了很大的进展，认为土地覆被强调地表的物理特性，土地利用强调土地的社会经济属性，植被强调植物的种类和群落，并对土地利用/土地覆被与植被的相互关系和区别作了明晰的阐述，区分三者的目的是增强土地调查的科学性和调查资料的可比性（Wyat et al.，1994）。土地利用是土地覆被动态变化的外在驱动力，植被是其主要的、最重要的组成成分，土地覆被与土地利用和植被的一个根本区别在于它具有更强的时相性（汪权方等，2006）。

3.2.2.2　喀斯特地区的土地利用特点

喀斯特山地环境脆弱，地形起伏变化大、地表破碎，中小尺度土地利用格局变化较大，形成以裸露的岩溶荒山为基质、耕地斑块和林地斑块分布其中的景观模式。主要表现为在不宜耕作的坡度和海拔内进行农牧生产，不仅农业产量低，而且由此引发了植被退化、水土流失、石漠化等严重的生态环境问题。其不同土地利用类型的演替，是以人为因素为主，人为因素与自然因素共同作用的过程和结果。在不同土地利用类型的更替过程中，除成熟天然林外，其余的土地利用类型都可能存在不同程度的岩石裸露，我们在贵州省石漠化野外调查中也证明了这一点（李阳兵等，2006；2007）。不同的土地利用方式和不同土地利用类型对喀斯特生态系统的干扰效应和干扰过程是不一样的，导致石漠化土地退化过程、退化程度、退化群落特征也不同，最终表现在恢复方式和恢复难度的差异上。

3.2.2.3　喀斯特地区的土地覆被

"土地覆被类型"反映土地覆被变化的年平均状况。喀斯特地区多耕地、灌丛草坡，受气候条件的影响较大，净初级生产量（net primary production，NPP）整体波动性比非喀斯特地区大，其喀斯特地区NPP值的频度分布为似正态分布（王冰等，2007）。喀斯特地区的土地覆被具有季节变化性大和不同土地利用的土地覆被趋同两个特点，依据土地覆被状况的季节性变化特征曲线，可以将喀斯特地区土地覆被类型划分为以下几种：①单峰型季节性绿色覆被（一年一作的农田）；②单峰型季节性绿色覆被（草坡）；③常绿覆被（常绿阔叶林最典型）；④单峰型季节性绿色覆被（落叶阔叶林、落叶针叶林、落叶灌木林）；⑤季节性绿色覆被（高度混合的地表覆被，如作物、草灌混合覆被等）；⑥灰色覆被（植被贫瘠区，如裸岩、建设用地）；⑦蓝色覆被（水体）。

3.2.3 土地利用/土地覆被与喀斯特地区的石漠化

不同研究者都认为喀斯特石漠化以土地生产力退化为本质，以出现基岩大面积裸露的类似荒漠景观为标志（Yuan，1997；Wang et al.，2004；王德炉等，2004；屠玉麟，2000），但都没有涉及其具体评价指标。我们认为不管怎样评价石漠化，都必须承认人类驱动力—土地利用—土地覆被—石漠化这一过程，喀斯特石漠化的成因与土地利用有关，喀斯特石漠化的现状又是一种土地覆被状态，即不恰当的土地利用形成的一种类似荒漠的、地表呈灰色的土地覆被状态，也就是说，在夏季植被生长最好的时候还是连片的基岩裸露的植被贫瘠区，其植被盖度没有表现出随时间的变化规律。而对于单峰型季节性绿色覆被（草坡）等，其夏季是绿山，冬季是荒山，应属于自然界正常的季节变换，不属于石漠化的范畴。

根据上述分析，我们在判断喀斯特石漠化时，要考虑地表的土地利用和土地覆被特征。而目前的石漠化现状调查和石漠化分类评价研究中，往往只根据单一时相地表覆被现状进行石漠化程度分级，既没有考虑到这一状态是何种土地利用方式，也没有进一步分析该覆被类型的季节性变化，因此，得出的结论往往是不准确的，也不利于石漠化土地的治理和生态恢复。

3.2.4 案例研究

3.2.4.1 研究区概况

后寨河地区位于黔中高原安顺市普定县境内，处于长江流域和珠江流域的分水岭地区。总面积为74.15km²，包括马官镇、余官乡及两个乡镇内的打油寨、陈旗堡、赵家田、下坝、白旗堡等居民点。区内地势东南高（除余官乡较低外），西北低。海拔一般为1300～1400m，最高为1568m，最低为1257m。相对高差一般在250～300m，最大达311m。后寨河地区三叠系碳酸盐岩广泛分布，岩溶地貌分布较广，其中，西部为峰林-盆地、中部为峰林-洼地、东南部为峰林-谷地、东北部为丘陵-洼地。后寨河是区内唯一的地表河流，河流明暗交替，为季节性河流。该区地下河水系则相当发育，径流长年不断，为该区重要的供水水源。

3.2.4.2 研究区土地利用

我们根据研究区的土地利用特点和1：1万地形图、2004年10月2.5m分辨率SPOT影像（图3.2），结合野外调查，把研究区的土地利用分为水田、平坝旱耕地（＜7°）、缓

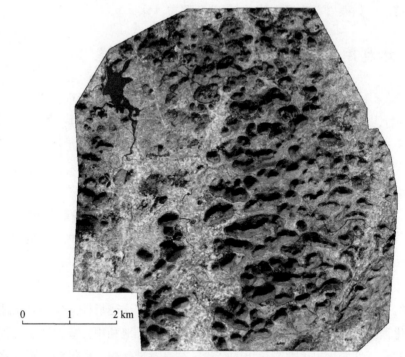

图 3.2　研究区 2004 年 10 月 2.5m 分辨率 SPOT 影像图

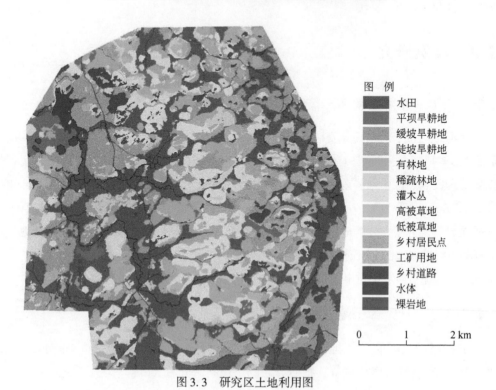

图 例
■ 水田
■ 平坝旱耕地
■ 缓坡旱耕地
■ 陡坡旱耕地
■ 有林地
■ 稀疏林地
■ 灌木丛
■ 高被草地
■ 低被草地
■ 乡村居民点
■ 工矿用地
■ 乡村道路
■ 水体
■ 裸岩地

图 3.3　研究区土地利用图

坡旱耕地（7°~15°）、陡坡旱耕地（15°~25°）、有林地、稀疏林地、灌木丛、高被草地、低被草地、乡村居民点、工矿用地、乡村道路、水体和裸岩地14种类型（图3.3），所占比例分别为26.71%、2.39%、20.64%、7.01%、8.42%、3.42%、13.22%、2.78%、4.25%、3.19%、0.50%、1.39%、1.62%、4.23%。本研究专门将稀疏林地和稀被草地从郁闭灌丛和高覆盖度草地中区分出来，以满足石漠化监测的需要。

3.2.4.3 研究区土地覆盖

根据研究区的土地利用特点，结合2004年12月15m分辨率的ASTER影像、2005年9月19.5m分辨率的中巴影像和2007年5月10m分辨率的SPOT影像（图3.4）所表现

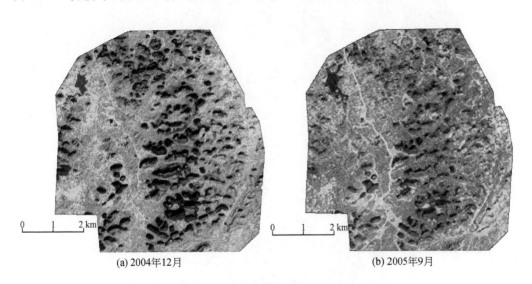

(a) 2004年12月   (b) 2005年9月

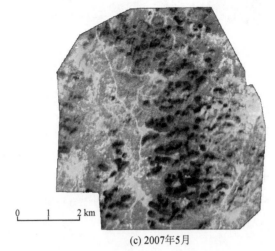

(c) 2007年5月

图3.4 研究区不同季节影像图

的地表覆盖季节变化特征，我们将研究区的土地覆被划分为农田覆被、单峰型季节性绿色覆被（草坡）、常绿林地覆被、季节性木本覆被、植被贫瘠区灰色覆被（全年植被盖度低于10%）、建设用地灰色覆被、水体，其面积比例分别为49.84%、14.12%、8.42%、16.64%、4.23%、5.12%、1.62%。农田分布于平坝，常绿林地分布于丘陵顶部，草坡一般分布于坡麓和陡峭的山脊，而植被贫瘠区一般分布于缓丘，被农田或草坡包围（图3.5）。

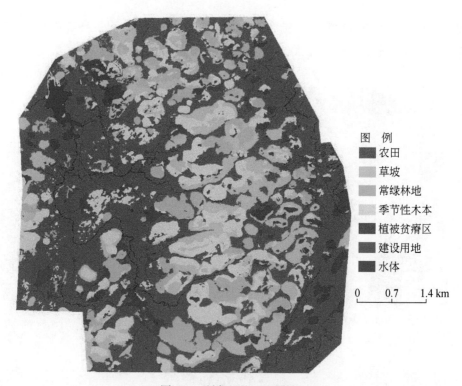

图 例
■ 农田
■ 草坡
■ 常绿林地
■ 季节性木本
■ 植被贫瘠区
■ 建设用地
■ 水体

0   0.7   1.4 km

图 3.5　研究区的土地覆被

3.2.4.4　基于土地利用/土地覆被的研究区石漠化评价

根据前面的讨论，我们把研究区的植被贫瘠区划分为石漠化类型，研究区的石漠化面积占研究区总面积的4.23%。而从生态系统演替的角度看，草坡相对于本地的地带性植被发生了退化，如进一步干扰破坏，可退化成植被贫瘠区。因此，本研究把草坡划为潜在石漠化类型，其他土地覆被类型归为无石漠化类型（图3.6）。

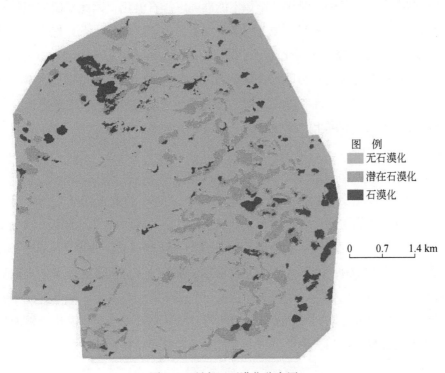

图 3.6　研究区石漠化分布图

3.2.5　讨论

3.2.5.1　与当前石漠化分类的比较

在岩溶山地从影像上能够直接判读的有水田、林地、灌木林地、疏林地、居民点、水域、旱地、荒山荒地、草坡等类型，但是由于岩溶山地地貌、岩性复杂，土地利用结构复杂，使遥感影像上一些像元不完全是某一单一类型地类的反映，造成坡耕地与荒山荒地、疏林地、草地混淆而出现判读错误。原因一是石漠化山地地块破碎，石旮旯土的土层浅薄、土被不连续、岩石出露率高，土壤深藏于石缝间。当未种植农作物时，山坡从下往上呈现出严重的石漠化景观，但事实上仍是群众长年利用的耕种地；当种植农作物时，作物的覆盖度可达一半左右，较明显地属于耕地。同时石旮旯土的复种率很低，一般一年只种一次旱生作物，作物生长的时间只是四个月左右。二是如有稀疏草坡分布的裸岩地在土地利用上可归为低覆盖草地。三是疏林地特别是在冬季，当树叶全落光后，其在影像上与裸岩非常相似。

由于这些特点，根据单一时相的影像不能准确解译石漠化，因此本研究根据石漠化的定义，提出根据岩溶山地土地利用和土地覆被类型的季节性变化特点，把全年植被盖度低于10%的植被贫瘠区划分为石漠化类型，退化的草坡生态系统定义为潜在石漠化类型。进一步，可根据植被贫瘠区土地利用方式的差别对石漠化土地进行类型划分。本研究的这种石漠化分类方法，能够与土地利用方式和地表覆盖类型对应起来，所划分石漠化的石漠化土地具有明确的含义。实际上，王瑞江等（2001）在研究贵州六盘水石漠化时就提出将裸露岩石所占面积达70%以上的地带划分为石漠化地区，而没有进行轻度、中度和强度石漠化的划分，与本研究的思路是一致的。

贵州省发展和改革委员会利用2004年12月的ASTER影像解译得出的石漠化分布如图3.7所示，这是根据单一时相影像解译的结果，其结果表明研究区的无石漠化、潜在石漠化、轻度石漠化、中度石漠化和强度石漠化分别占研究区总面积的51.84%、12.71%、15.48%、16.37%、3.60%。但这种分类划分出的轻度、中度和强度石漠化土地对应的可能是坡耕地、灌丛地、疏林地和草坡等，轻度、中度和强度石漠化土地的含义不明确。因此，本研究提出的根据土地利用和土地覆被的季节性变化特点进行石漠化土地的判断和分类方法，无疑更有科学性和实用性，对石漠化土地的治理更具有针对性。

图例

无石漠化
潜在石漠化
轻度石漠化
中度石漠化
强度石漠化

0　　　0.7　　　1.4 km

图 3.7　研究区的石漠化分布图

资料来源：熊康宁，2007

3.2.5.2 本研究不足

本研究受条件所限，没有采用 8 月（植被生长的最高峰）的高分辨率影像。但本研究的方法无疑为石漠化研究提供了新思路。为了进行大面积的石漠化分析，可采用粗分辨率的土地覆盖图用于监测大尺度的发生石漠化的热点区域，然后对这些热点区域用高分辨率的卫星数据进行仔细分析。

3.2.6 结论

本研究对喀斯特山地土地利用、土地覆被与石漠化的相互关系和区别作了明晰的阐述，并以后寨河地区为例进行了案例研究。我们认为喀斯特石漠化是不合理的土地利用方式形成的喀斯特地区特有的一种地表覆被类型，石漠化强调低生产力和类荒漠景观，石漠化土地即指全年植被盖度低于 10% 的植被贫瘠区，对石漠化土地可以根据土地利用方式的差别进行类型划分而不再进行石漠化程度的分级。与当前普遍采用的根据单一时相影像解译，并把石漠化土地划分为轻度、中度和强度等的做法相比，本研究提出的根据土地利用和土地覆被的季节性变化特点进行石漠化土地的判断和分类方法，无疑更有科学性和实用性。

3.3 生态建设中的喀斯特石漠化分级问题

3.3.1 石漠化调查需查明不同成因的石漠化类型

石漠化产生的自然条件：一是要有纯度较高的碳酸盐岩（尤其是石灰岩）；二是要有坡度较大的地形条件。虽满足上述两个条件，但在纯天然状态下和高温多雨的气候下仍可发育高大的森林，这已在贵州省荔波县茂兰等地得到证实。引起石漠化的主要原因是人为因素，只有在人为反复砍伐植被或陡坡开垦等的条件下，才会引起植被覆盖层丧失、石漠化发展，其结果最终导致石漠化。

直接作用于喀斯特生态系统的不合理人为干扰方式包括毁林开垦、陡坡垦殖、粗放耕作方式、过度樵采、烧灰积肥、荒坡放牧、采矿和基建工程（图 3.8），按土地类型可分森林退化、草地退化、耕地退化后形成的石漠化土地和工矿型石漠化土地。据调查，20世纪 80 年代初期贵州省累计有矿业荒漠化土地 450km^2，1994 年增至 1290km^2，约占贵州全省土地面积的 0.73%。在 1983～1994 年，矿业荒漠化土地平均每年增加 76.3km²。喀斯特地区的石材开采活动，主要形式有石料开采、采石场、公路建设、建房原料等。这些石料的大量需求造成石材开采迹地较多、水土流失开始出现和景观环境质量下降等生态环境恶化问题，尤其是引起了新的石漠化问题，严重影响了区域生态环境质量。

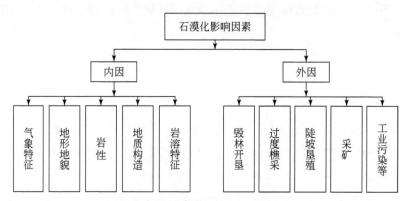

图 3.8　喀斯特石漠化的影响因素

　　旱地耕作是西南喀斯特区土地石漠化的主要途径，包括：①山区有林地经砍伐退化为灌丛草地，进一步砍伐退化为荒草坡；②山区有林地经毁林开荒变成坡耕地，经水土流失发生石漠化；③坡耕地经水土流失发生石漠化。在不同土地利用方式下，土壤侵蚀/石漠化速率差别显著，其中石漠化发展最快的土地利用类型是由旱地转化的阔叶林（经济林），其次是旱地、草地和阔叶林等（万军等，2004）。火烧干扰在喀斯特地区极为普遍，当地居民素有"刀耕火种"的习惯，将喀斯特森林火烧后种植作物，若干年后弃之，重新火烧其他森林，这种"游耕"式作业方式和反复的火烧使喀斯特地区的森林植被遭到严重破坏。开垦弃耕干扰类型通常靠近村寨，分布于土体较连续、土壤较多的地段。耕种数年后弃荒，土壤中无性繁殖体缺乏，植被的自然恢复主要靠阳性先锋树种的飞籽侵入。放牧干扰类型分布于村寨周围，主要是放牧和割牧草产生的干扰，为了便于放牧和割牧草，通常将土壤中的无性繁殖体挖出，大大减少了无性繁殖体的数量。樵采干扰是分布最广的类型，樵采的主要对象是灌木丛和灌乔过渡阶段的林分，长期的樵采，虽然对主林层影响较小，但由于对灌木层和更新层影响强烈，主林层种群结构将发生变化（喻理飞等，2002；祝小科等，1998）。

　　已有研究表明，处于不同生态退化程度的植被自然恢复特征有差异（表 3.2）。不同成因类型的石漠化土地植被自然恢复潜力是不一样的，石漠化土地成因类型与恢复治理模式密切相关。在坡度大于35°、土层浅薄、植物繁殖体丰富、属零星土体和石漠化立地类型的急坡耕地上，退耕后自然植被容易恢复，宜采用人工促进天然更新模式；在坡度大于

35°、植物繁殖体不足、属连续土体和半连续土体立地类型的急坡地段，宜采用一步到位的植被恢复模式；在坡度为 25°~35°、人均耕地面积较多、土层较深厚、属于半连续土体立地类型的陡坡耕地上，宜采用先林后退模式；在坡度为 25°~35°、人均耕地面积较少、土层较深厚、属于连续土体立地类型的陡坡耕地上，宜采用林农复合经营措施模式。喀斯特石材开采属于一种"人为石漠化"方式，但石材开采区往往相对集中，连片的面积不大，在开采迹地复垦造林时，宜进行复垦造林小区设计。设计时，应调查采石场弃石、弃土、弃渣及开采层面等状况，根据实施工程的难易程度、投入成本大小、水土条件、气候条件、造林植物生物生态习性、农户或业主或土地权属者能力和积极性等条件和要求，分地段进行不同治理模式的小区复垦造林设计。

表 3.2　不同退化程度的植被自然恢复过程的差异

植被退化程度	植被自然恢复特征			
	植被恢复障碍因子	恢复可能性	恢复潜力	恢复速度
稀疏灌丛型	水、土条件	中	较大	较慢
灌丛型	水、土条件	较大	大	较快
低价值乔林型	人为干扰	大	大	快
弃耕迹地型	植物繁殖体缺乏	较大	大	较快
采矿废弃地型	植物繁殖体缺乏、生境干旱	中	中	较慢

综上所述，不同的土地利用方式对不同土地利用类型的干扰效应和干扰过程是不一样的，导致喀斯特森林退化过程、退化程度、退化群落特征有异，最终表现在恢复方式和恢复难度的差异上，目前这方面的研究相对不足。在进行石漠化野外调查时，我们也发现不同等级的石漠化，特别是强度石漠化土地，既可出现在坡度较大的区域，也可分布在坡度较小的坡脚，反映出它们的成因和治理恢复措施的差别。因此，在石漠化土地现状调查时有必要考虑石漠化土地的成因类型。

3.3.2　关于喀斯特石漠化分级的讨论

根据当前对石漠化的研究水平，针对西南喀斯特地区石漠化规划治理的实际需要，提出石漠化土地的景观+成因的两级分类模型。

第一级景观分类，仍按景观现状把喀斯特石漠化强度等级分为潜在石漠化、轻度石漠化、中度石漠化、强度石漠化和极强度石漠化。

针对每一强度等级的石漠化，按石漠化土地的成因类型进行第二级分类（图 3.9），根据第一级景观分类和第二级成因分类把石漠化土地命名为陡坡垦殖中度石漠化、樵采中度石漠化。在这一级石漠化土地分类中，还应尽可能地判断出石漠化土地的演化趋势，划分出继续恶化的石漠化土地和正在逆转优化的石漠化土地。

要完成对喀斯特石漠化土地现状的景观+成因的两级分类，仅依靠室内的遥感解译是不够的，必须进行足够数量的野外调查，在调查过程中应同当地人进行必要的访问和交流，同时强调专业人员的参与。

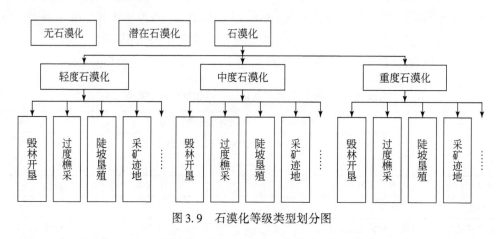

图 3.9　石漠化等级类型划分图

3.4　由土地景观到土地功能的石漠化分类展望

3.4.1　土地利用、土地覆盖和土地功能

在 3.2.2.1 节里我们讨论了"土地利用"和"土地覆盖"两个概念的区别与联系，在此做进一步的阐述。土地覆盖是从野外与遥感影像上可直接观察的地球表面，包括自然植被、作物与人为结构；土地利用指人类开发利用土地覆盖的目的，且包括土地管理实践。尽管很多时候，可从观察到的活动和景观中的结构要素推测，但土地利用并不总是容易观测的（Verburg et al., 2009）。土地利用功能或生态系统功能指在景观尺度各种相互作用的土地利用系统和生态系统提供的产品与服务，不仅包括与一定的土地利用相联系的产品与服务，也包括常常不是土地所有者有目的地提供的产品与服务，如提供的美学、文化价值和生物多样性保护（图 3.10）。

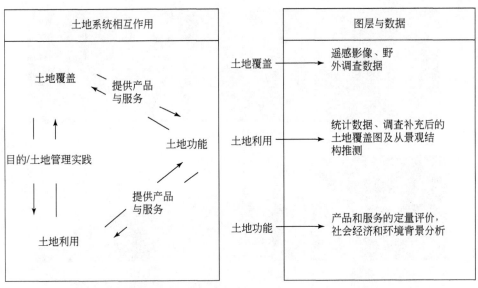

图 3.10　土地覆盖、土地利用和土地功能的关系示意及可能的收集空间数据方法

3.4.2　土地功能与石漠化

当前的石漠化分类，更多的是考虑土地景观的特征。随着土地利用转型和土地多功能性的增加，单纯从土地的景观特征来判断是否是石漠化往往显得并不全面，本研究认为，需要结合土地功能特性加以综合判断。

前面已提出，石漠化是植被贫瘠区，是岩石裸露比例较高的地表，是一种土地覆盖类型，可对应于各种土地利用方式；但在此，我们认为评价判断石漠化时，还应进一步强调石漠化土地的土地功能低的特性。例如，近年来，岩溶山区农业种植结构调整：一是一些坡耕地转型为经果林地；二是在一些岩石裸露严重的坡地，农户因地制宜种植桃、李、柑橘和花椒等；这种土地利用方式客观上既有经济效益又有生态效益，增加了岩溶山地坡地的产出，改善了当地农户的生计状况；且这些经果林地在降水量大的夏季丰水季节，因其植被覆盖率也比较高，能有效减小土壤侵蚀。因此，可以说，这种坡地利用方式是合理的，兼有生态功能和经济功能；但在冬季，这些经果林地在影像上很容易被判断为石漠化土地（图 3.11）。实际上，这些经果林地的土地功能特性与不能利用的裸岩地的低功能属性有着本质的区别。因此，在判断石漠化时，特别是在石漠化已由 20 世纪八九十年代的扩张阶段转为收缩阶段的今天，需要综合考虑岩溶山地坡地的土地功能特性，以符合岩溶山地乡村当前发展的实际情况。

图 3.11 土地覆盖与土地功能对应的实地照片

3.5 本 章 小 结

本章总结了关于石漠化类型划分的研究进展，讨论了土地利用、土地覆被与石漠化的相关性，提出了生态建设中的喀斯特石漠化分级方案，并指出石漠化分类应由土地景观指标到土地功能特性转变。

参 考 文 献

陈飞，周德全，白晓永，等.2018. 典型喀斯特槽谷区石漠化时空演变及未来情景模拟 [J]. 农业资源与环境学报，35（2）：174-180.

陈燕丽，莫建飞，莫伟华，等.2018. 近 30 年广西喀斯特地区石漠化时空演变 [J]. 广西科学，25（5）：1-7.

黄秋昊，蔡运龙，王秀春.2007. 我国西南部喀斯特地区石漠化研究进展 [J]. 自然灾害学报，16（2）：

106-111.

兰安军.2003. 基于 GIS-RS 的贵州喀斯特石漠化空间格局与演化机制研究 [D]. 贵阳：贵州师范大学硕士学位论文.

兰安军, 张百平, 熊康宁, 等.2003. 黔西南脆弱喀斯特生态环境空间格局分析 [J]. 地理研究, 22 (6)：733-741.

李瑞玲, 王世杰, 周德全, 等.2003. 贵州岩溶地区岩性与土地石漠化的空间相关分析 [J]. 地理学报, 58 (2)：314-320.

李森, 董玉祥, 王金华.2007. 土地石漠化概念与分级问题再探讨 [J]. 中国岩溶, 26 (4)：279-284.

李阳兵, 白晓永, 周国富, 等.2006. 中国典型石漠化地区土地利用与石漠化的关系 [J]. 地理学报, 61 (6)：624-632.

李阳兵, 白晓永, 邱兴春, 等.2006. 喀斯特石漠化与土地利用相关性研究 [J]. 资源科学, 28 (2)：67-73.

李阳兵, 罗光杰, 王世杰, 等.2013. 黔中高原面石漠化演变的典型案例研究——以普定后寨河地区为例 [J]. 地理研究, 32 (5)：828-838.

李阳兵, 邵景安, 周国富, 等.2007. 喀斯特山区石漠化成因的差异性定量研究 [J]. 地理科学, 27 (6)：785-790.

吕涛.2002. "3S" 技术在贵州喀斯特山区土地石漠化现状调查中的应用 [J]. 中国水土保持, (6)：26-27.

童立强.2003. 西南岩溶石山地区石漠化信息自动提取技术研究 [J]. 国土资源遥感, (4)：36-38.

屠玉麟.2000. 贵州喀斯特地区生态环境问题及其对策 [J]. 贵州环保科技, 6 (1)：1-6.

万军, 蔡运龙, 张惠远, 等.2004. 贵州关岭县土地/土地覆被变化及其土壤侵蚀效应研究 [J]. 地理科学, 24 (5)：573-579.

汪权方, 李家永, 陈百明.2006. 基于地表覆盖物光谱特征的土地覆被分类系统——以鄱阳湖流域为例 [J]. 地理学报, 61 (4)：359-368.

王冰, 杨胜天, 王玉娟.2007. 贵州省喀斯特地区植被净第一性生产力的估算 [J]. 中国岩溶, 26 (2)：98-104.

王瑞江, 姚长洪, 蒋忠诚, 等.2001. 贵州六盘水石漠化的特点、成因与防治 [J]. 中国岩溶, 20 (3)：211-216.

王德炉, 朱守谦, 黄宝龙.2004. 石漠化的概念及其内涵 [J]. 南京林业大学学报（自然科学版）, 28 (6)：87-90.

王德炉, 朱守谦, 黄宝龙.2005. 贵州喀斯特石漠化类型及程度评价 [J]. 生态学报, 25 (5)：1057-1063.

王世杰, 李阳兵.2005. 生态建设中的喀斯特石漠化分级问题 [J]. 中国岩溶, 24 (3)：192-195.

王宇, 张贵.2003. 滇东岩溶石山地区石漠化特征及成因 [J]. 地球科学进展, 18 (6)：933-938.

吴虹, 陈三明, 李锦文.2002. 都安石漠化趋势遥感分析与预测 [J]. 国土资源遥感, (2)：16-19, 28.

熊康宁.2007. 贵州喀斯特石漠化综合防治图集 [M]. 贵阳：贵州人民出版社.

熊康宁，黎平，周忠发，等.2002.喀斯特石漠化的遥感-GIS 典型研究——以贵州省为例［M］.北京：地质出版社.

喻理飞，朱守谦，叶镜中.2002.人为干扰与喀斯特森林群落退化及评价研究［J］.应用生态学报，13（5）：529-532.

张文源，王百田.2014.贵州喀斯特石漠化分类分级探讨［J］.南京林业大学学报（自然科学版），39（2）：148-154.

张信宝，王世杰，贺秀斌，等.2007.西南岩溶山地坡地石漠化分类刍议［J］.地球与环境，35（2）：188-192.

祝小科，朱守谦，刘济明.1998.乌江流域喀斯特石质山地植被自然恢复配套技术［J］.贵州林业科技，26（4）：7-14，36.

Huang Q H, Cai Y L. 2007. Spatial pattern of Karst rock desertification in the Middle of Guizhou Province, Southwestern China［J］. Environ Geol, 52：1325-1330.

Veldkamp A, Freso L O. 1996. CLUE-CR：An integrated multi-scale model to simulate land use change scenario in Casta Rica［J］. Ecological Modeling, 91：231-248.

Verburg P H, van de Steeg J, Veldkamp A, et al. 2009. From land cover change to land function dynamics：A major challenge to improve land characterization［J］. Journal of Environmental Management, 90：1327-1335.

Vitousek P M, Mooney H A, Lubchenco J, et al. 1997. Human domination of earth's ecosystems［J］. Science, 277：494-499.

Wang S J, Zhang D F, Li R L. 2002. Mechanism of rocky desertification in the Karst mountain areas of Guizhou Province, southwest China［J］. International Review for Environmental Strategies, 3（1）：123-135.

Wang S J, Liu Q M, Zhang D F, et al. 2004. Karst rocky desertification in southwestern China：Geomorphology, land use, impact and rehabilitation［J］. Land Degradation & Development, 15：115-121.

Wyat B K, Greatorex-Davies J N, Hill M O, et al. 1994. Comparison of land cover definitions（Countryside 1990 series, Vol.3）［A］. London：Department of the Environment.

Xu E Q, Zhang H Q. 2018. A spatial simulation model for Karst rocky desertification combining top-down and bottom-up approaches［J］. Land Degradation Development, 29（1）：3390-3404.

Xu E Q, Zhang H Q, Li M X. 2013. Mining spatial information to investigate the evolution of Karst rocky desertification and its human driving forces in Changshun, China［J］. Science of the Total Environment, 458-460C：419-426.

Yang Q Y, Jiang Z C, Ma Z L, et al. 2013. Relationship between Karst rocky desertification and its distance to roadways in a typical Karst area of Southwest China［J］. Environ Earth Sciences, 70：295-302.

Yuan D X. 1997. Rock desertification in the subtropical Karst of south China［J］. Zeitschrift für Geomorphologie N. F., 108：81-90.

Zhang X, Shang K, Cen Y, et al. 2014. Estimating ecological indicators of Karst rocky desertification by linear spectralunmixing method［J］. International Journal of Applied Earth Observation and Geoinformation, 31：86-94.

| 第 4 章 | 喀斯特石漠化评价方法与案例

从评价目标和评价内容上看，喀斯特石漠化评价可分为石漠化现状评价、石漠化演变速率评价、石漠化危害性和石漠化发生的敏感性与风险评价等；从评价尺度上看，有样地尺度、景观尺度、流域尺度和区域尺度。石漠化评价目标和评价尺度不同，选择的评价指标也各有侧重。石漠化现状评价是喀斯特地区水土流失、石漠化治理工作的基础（刘云芳等，2012）。有研究者选取植被覆盖率、裸岩率和坡度作为评价指标，以地理信息技术为支撑开展禄劝彝族苗族自治县石漠化敏感性评价（吴风志和白开梅，2017）；基于石漠化评价指数进行石漠化易发性分区评价（许军强等，2019）；基于光谱吸收特征发展了石漠化综合指数（Karst rocky desertification synthesis indices，KRDSI），KRDSI 能够直接提取石漠化遥感评价因子（岳跃民等，2011）；基于区域灾害系统理论，从孕灾环境、致灾因子及承灾体三个维度构建石漠化风险评价模型（黄晓云等，2017）。迄今为止对石漠化评价指标的选择和使用仍侧重于自然指标，而较少使用社会经济指标（黄晓云等，2013）。本章将对石漠化评价的尺度选择和石漠化演变评价做一些探讨。

4.1 区域石漠化评价方法研究：以盘县[①]为例

喀斯特石漠化是指在亚热带脆弱的喀斯特环境背景下，受人类不合理社会经济活动的干扰破坏，造成土壤严重侵蚀，基岩大面积出露，土地生产力严重下降，地表出现类似荒漠景观的土地退化过程。目前从不同角度对西南喀斯特石漠化问题进行了大量的研究，内容涵盖喀斯特石漠化分布特征（李瑞玲等，2003）、评价指标（李瑞玲等，2004）、生态环境效应（王德炉等，2005）、成因机制（胡宝清等，2004）及综合治理（王世杰等，2003）等诸多方面。目前实际工作中，对石漠化评价与解译的一般做法是使用目视解译和判读的方法先评定单个图斑的石漠化等级（夏学齐等，2006；王金华等，2007），再汇总不同等级的石漠化图斑得到研究区域的石漠化总面积，但缺乏区域石漠化程度评价方法，而仅以石漠化面积与区域土地总面积之比来评价不同区域的石漠化程度，显然是不全面

---

① 2017 年 4 月，经国务院批准，同意撤销盘县，设立县级盘州市。

的。为此，本研究以贵州省盘县的石漠化评价为例，探讨区域石漠化的评价方法。

4.1.1　研究区概况

贵州省盘县地处珠江上游南北盘江发源地、云南高原向黔中高原过渡的斜坡部位、广西丘陵与黔西北高原之间的过渡地带，生态地位十分重要。县域总面积为4057km²，岩溶面积为2634.98km²，占县域总面积的64.95%。根据《贵州省盘县岩溶地区石漠化综合治理工程规划》（2006—2020年），无石漠化面积为711.96km²，潜在石漠化面积为735.62km²，轻度石漠化面积为540.42km²，中度石漠化面积为356.4km²，强度石漠化面积为237.28km²，极强度石漠化面积为53.3km²，是贵州喀斯特面积、石漠化面积均较大，石漠化程度严重的几个县域之一，属于《贵州省"十三五"生态建设规划》42个石漠化重点治理县范围。

4.1.2　研究方法

研究区喀斯特石漠化数据主要来源于贵州师范大学对2004年12月ASTER影像的解译结果，盘县石漠化空间分布如图4.1所示。为了能以一种简洁的方式综合考虑石漠化土地的退化现状和空间分布，同时也能进一步比较不同面积或不同地貌类型的石漠化程度，建立基于面积权重和石漠化退化等级权重的石漠化综合指数（SDI），其计算公式如下：

$$SDI = \sum_{i=1}^{n} W_i A_i$$

式中，W_i代表第i类景观的石漠化强度的分级值；A_i代表第i类石漠化景观的面积比例。

因为石漠化解译时，无石漠化、潜在石漠化、轻度石漠化、中度石漠化、强度石漠化和极强度石漠化的判断主要是依据大小为0.2km×0.2km的图斑中的岩石裸露率，轻度石漠化、中度石漠化、强度石漠化和极强度石漠化斑块的岩石裸露率分别是31%~50%、51%~70%、71%~90%和>90%，再结合相关研究（Tong et al., 2004；白晓永等，2005），把轻度石漠化、中度石漠化、强度石漠化和极强度石漠化的强度分级值依次设定为2、4、6、8，分级值越高表示对SDI的贡献越大；潜在石漠化土地只是存在易发生石漠化的趋势，故其分级值与无石漠化同时设为零。SDI值越大，反映石漠化程度越严重，其最大值为8。对于未退化的喀斯特区域，SDI值为零。SDI是一个无量纲的和有范围的值，有利于区域层次上的石漠化退化比较。

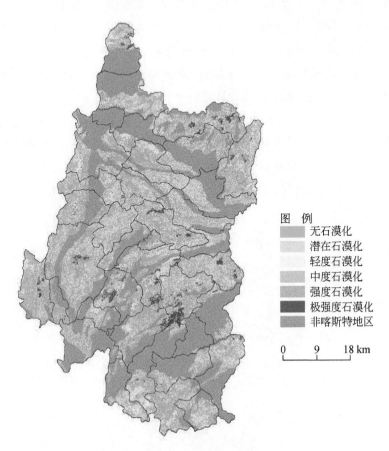

图 4.1　2004 年盘县石漠化空间分布图

4.1.3　结果分析

4.1.3.1　不同行政单元石漠化评价

根据各评价单元的各级石漠化比例计算出石漠化综合指数（SDI），考虑一评价单元中如无石漠化、潜在石漠化、轻度石漠化、中度石漠化、强度石漠化和极强度石漠化斑块两两组合各占 50% 时，评价单元的 SDI 值分别为 0、1、3、5、7，因此按 0.001 ~ 0.25、0.25 ~ 0.5、0.5 ~ 2、2 ~ 4、4 ~ 6、6 ~ 8 将各评价单元划分为无石漠化、潜在石漠化、轻度石漠化、中度石漠化、强度石漠化和极强度石漠化，分两种情况计算了各乡镇的石漠化综合指数。第一种情况以第 i 类石漠化景观占碳酸盐岩面积的比例为依据，得出各乡镇石漠化指数空间分布图（图 4.2）。石漠化综合指数最高的是水塘乡，为 2.673；石漠化综合指数最低的是洒基乡，为 0.760。城关镇、水塘乡、玛依乡、刘官镇、保基苗族彝族乡，属于石漠化严重的乡镇。第二种情况以第 i 类石漠化景观占土地总面积的比例为依据，得出各乡镇石漠化指数空间分布图（图 4.3）。石漠化综合指数最高的是刘官镇，为 2.163；石漠化综合指数最低的是洒基乡，为 0.025。城关镇、水塘乡、刘官镇、马场镇、保基苗族彝族乡、普古乡、珠东乡属于石漠化严重的乡镇。

上述两种结果计算差别最大的是玛依乡，原因在于玛依乡土地总面积为 66.78km²，碳酸盐岩面积为 3.69km²，其中轻度石漠化、中度石漠化、强度石漠化和极强度石漠化总面积为 1.87km²。仅从其石漠化面积占碳酸盐岩面积的比例来说，玛依乡的石漠化程度是严重的；而从其石漠化面积占土地总面积的比例来说，石漠化面积仅占 2.80%。

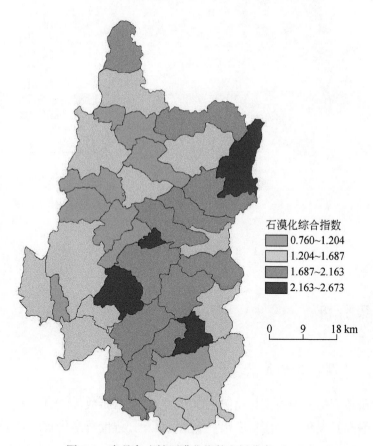

图 4.2　盘县各乡镇石漠化指数空间分布（一）

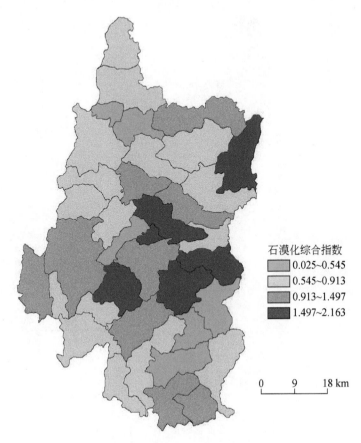

石漠化综合指数

■ 0.025~0.545
□ 0.545~0.913
■ 0.913~1.497
■ 1.497~2.163

0 9 18 km

图4.3 盘县各乡镇石漠化指数空间分布（二）

4.1.3.2 不同石漠化分区石漠化程度评价

根据石漠化的集中分布程度和自然条件的相似性，以石漠化分区划分作为评价单元，以第 i 类石漠化景观占各分区土地总面积的比例为依据，得出各石漠化分区石漠化指数空间分布图（图4.4）。石漠化指数较高的为北部的大寨高中山峡谷中度石漠化封禁治理小区，和东北部的文阁—舍烹高中山峡谷强度石漠化生态移民主导型治理小区、沙河—格所高中山峡谷轻度石漠化封禁保护防治小区、保基—格所高中山峡谷过渡区中度石漠化退耕还林小区，以及中部的猛者—孔关强度石漠化综合治理小区，与石漠化的实际分布情况相一致。

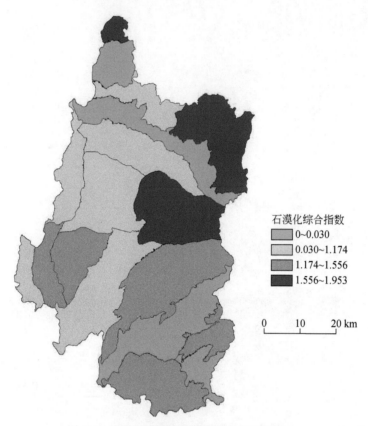

石漠化综合指数
- 0~0.030
- 0.030~1.174
- 1.174~1.556
- 1.556~1.953

0   10   20 km

图4.4 盘县石漠化分区石漠化指数空间分布

4.1.3.3 不同坡度范围石漠化评价

石漠化综合指数（SDI）与坡度的关系见表4.1。以坡度为10°~17.5°的 SDI 最高，与最大值 8 最接近，表明此坡度范围内的石漠化最为严重。当坡度>17.5°时，随坡度增加，石漠化程度减弱，当坡度>45°时，石漠化已经很不发育了，这一现象与土壤侵蚀存在临界坡度有关，也与坡度进一步增大时，喀斯特山区人类活动的减弱，对生态系统的扰动减轻有关，这与清镇王家寨的研究结论也是一致的（周梦维等，2007）。

表 4.1 盘县石漠化在不同坡度等级中的分布　　　（单位:%）

项目	<5°	5°~10°	10°~17.5°	17.5°~25°	25°~35°	35°~45°	>45°
无石漠化	7.19	11.95	36.07	23.04	16.21	5.31	0.23
潜在石漠化	5.91	12.68	35.14	23.60	16.64	5.88	0.14
轻度石漠化	3.46	13.00	36.61	22.19	17.08	7.23	0.44

项目	<5°	5°~10°	10°~17.5°	17.5°~25°	25°~35°	35°~45°	>45°
中度石漠化	5.64	9.22	38.40	23.16	16.94	6.42	0.23
强度石漠化	4.71	11.60	35.43	21.92	19.86	6.20	0.27
极强度石漠化	3.51	10.87	31.23	24.20	22.81	7.13	0.25
SDI	0.8582	2.1944	6.8924	4.6214	4.0356	1.3438	0.0542

4.1.3.4 不同地貌类型的石漠化评价

不同地貌类型中的石漠化分布指数见表4.2。溶丘洼地的石漠化最严重，其次是溶丘谷地和峰丛浅洼地，岩溶高中山的石漠化也相对严重。形成石漠化这种分布规律的原因在于石漠化是在脆弱的地质生态背景下由不合理人为扰动形成的土地退化过程，是人为因素作用于自然的结果，但在不同的地貌类型中，自然因子和人为因子的影响存在差异。盘县红果镇岩石主要为三叠系碳酸盐岩，地貌为溶丘洼地，地势较平坦，但人多地少使得陡坡开垦严重，坡耕地发生中度甚至极强度石漠化。本区的自然条件好于其他乡镇区，石漠化尤其是强度石漠化主要是土地利用强度大造成的。保基苗族彝族乡在地貌类型上属于高中山峡谷区，且有较大面积的岩溶峰丛谷地和峰丛浅洼地，山高谷深，坡陡谷窄，土地利用难度较大，人口密度较低，坡耕地仅有很少发生轻度石漠化，但难利用土地比例大。保基苗族彝族乡的轻度石漠化、中度石漠化主要由人为因素引起，强度石漠化和极强度石漠化则由自然因素造成。

表4.2 石漠化在不同地貌类型中的分布 （单位:%）

地貌类型	无石漠化	潜在石漠化	轻度石漠化	中度石漠化	强度石漠化	极强度石漠化	SDI
溶丘洼地	25.38	23.64	19.38	22.83	23.69	30.72	5.180
溶丘谷地	1.34	1.79	1.94	0.3	1.04		4.708
峰丛谷地	8.74	12.01	11.45	7.88	7.76	4.73	1.388
峰丛浅洼地	12.37	14.55	16.69	17.21	19.84	30.03	4.137
岩溶低中山	0.23	0.31	0.25	0.11	0.19		0.021
岩溶中山	7.84	6.45	10.62	12.38	6.16	1.33	1.184
岩溶高中山	15.31	14.39	14.93	14.19	18.82	17.87	3.425

4.1.4 结论与讨论

本研究通过石漠化综合评价指数的计算表明，盘县城关镇、水塘乡、玛依乡、刘官镇、保基苗族彝族乡等乡镇属于石漠化严重的乡镇；从坡度分布范围看，以坡度为 $10°$ ~ $17.5°$ 的石漠化最为严重；从地貌类型看，溶丘洼地的石漠化最严重，其次是溶丘谷地和峰丛浅洼地，岩溶高中山的石漠化也相对严重。

本研究发现，石漠化综合指数与石漠化评价单元的划分存在一定关系。以第 i 类石漠化景观占碳酸盐岩面积的比例为依据计算石漠化综合评价指数，评价的是碳酸盐岩分布区域内的石漠化发生率，它可以准确衡量和断定一个区域的石漠化严重程度。而第 i 类石漠化景观占土地总面积的比例，并不能确切反映一个区域的石漠化严重程度。因此，以行政区域为单元评价区域石漠化严重程度时，要注意区分该区域碳酸盐岩分布区的石漠化严重程度和该区域整个范围面积上的石漠化严重程度。而根据石漠化的集中分布程度和自然条件的相似性，以石漠化分区划分、地貌类型和坡度范围作为评价单元，可以克服这一不确定性。需要指出的是，本研究将轻度、中度、强度和极强度的石漠化强度权重依次设定为 2、4、6、8，其准确性仍是可以讨论的。但本研究通过建立基于面积权重和石漠化退化等级权重的石漠化综合指数，提供了一种简洁的区域石漠化评价方法来比较不同面积或地貌类型的石漠化严重程度。

4.2 基于网格单元的喀斯特石漠化评价研究

地理空间中的多层次网格不应是对所有地理景观现象的固定均匀的网格划分，它存在网格单元的尺度问题。已有研究表明，传统的基于行政区的土地统计数据不能完全表现区域内部土地利用的空间分异特征（Tong et al.，2004；单玉红等，2008），因此，基于微观空间单元的方法被用于研究土地退化、景观指数、土地覆被和景观城市水平及地貌划分（杨丽等，2007；林珊珊等，2008；毛蒋兴等，2008）。

目前，国内学术界对石漠化的研究成果主要体现在喀斯特石漠化的形成背景、演化与治理（王世杰等，2003），石漠化驱动因子分析（胡宝清等，2004），岩性与石漠化土地的空间相关性（Wang et al.，2004），石漠化危险度评价（黄秋昊和蔡运龙，2005）等。但目前的研究仍是宏观的、概念性的研究较多，缺少模型构造和数理统计的研究，缺乏区域石漠化定量评价方法。在目前的实际工作中将岩石裸露所占面积达 70% 以上的地带划分为石漠化地区（王瑞江等，2001），裸露的碳酸盐岩面积比例小于 50% 的地区为无明显石漠化区，或将岩石裸露所占面积比例达 70% 以上的土地划分为严重石漠化土地，岩石裸露所占面积比例达 50% ~ 70% 的土地划分为中度石漠化土地，岩石裸露所占面积比例达 30% ~ 50% 的土地划分为轻度石漠化土地（王宇和张贵，2003）。对石漠化评价与解译的一般做法是使用目视解译和判读的方法先评定单个图斑的石漠化等级（夏学齐等，2006），再汇总不同等级的石漠化图斑得到研究区域的石漠化总面积，以石漠化面积与研究区土地总面积之比来评价上述不同区域的石漠化程度。以上石漠化评价缺乏空间尺度的界定和层次性，如并没有指明在多大的空间单元内来计算岩石裸露面积占土地总面积的比例，没有考虑石漠化等级权重在石漠化评价中的作用，也不能针对不同区域、不同范围的石漠化土地进行分类与评价。因此，本研究应用 RS、GIS 和网格等技术来探讨石漠化评价结果与评价单元大小的关系，以确定适宜的石漠化评价单元和研究区域尺度上石漠化评价的新方法。

4.2.1　研究区概况

研究区概况及其石漠化和土地利用分布见相关文献（李阳兵等，2006；严宁珍和李阳兵，2008）。盘县以高原山地为主体，地势西北高、东南低。盘县土地总面积为 4057km^2，岩溶面积为 2634.98km^2，占土地总面积的 64.95%，是贵州喀斯特面积、石漠化面积较大，石漠化程度严重的几个县域之一。

4.2.2　研究方法

4.2.2.1　研究单元划分

研究区喀斯特石漠化数据主要来源于 2004 年 12 月 ASTER 影像解译数据，石漠化现状的野外调查和解译见李阳兵等（2006）的研究；石漠化解译标准主要根据大小为 0.2km×0.2km 的图斑中岩石裸露率、植被+土被覆盖率生成 1∶50 000 喀斯特石漠化图。因为本研究的目的是探讨石漠化评价结果与评价单元大小的关系，故采用大小为 100m×100m、200m×200m、500m×500m、1000m×1000m 的网格，分别统计每一网格单元范围内各等级石漠化土地面积，并计算出每一网格单元的各等级石漠化土地面积占该网格单元总面积的比例。前 2 种网格大小小于解译图斑，第 3 种网格大小接近于解译图斑，第 4 种网格大小大于解译图斑。

4.2.2.2　石漠化指数计算

为了能以一种简洁的方式综合考虑石漠化土地的退化现状和空间分布，同时也能进一步比较不同尺度或不同地貌类型的石漠化程度，建立基于石漠化面积比例和等级权重的石漠化综合指数 SDI，其计算公式如下：

$$\text{SDI} = \sum_{i=1}^{n} W_i A_i$$

式中，W_i 代表第 i 类景观的石漠化强度的分级值，依据无石漠化、潜在石漠化、轻度石漠化、中度石漠化、强度石漠化和极强度的石漠化强度的岩石裸露度和相对的生物量损失，其分级值依次设定为 0、0、2、4、6、8，分级值越高表示对 SDI 的贡献越大；A_i 代表第 i 类石漠化景观的面积比例。SDI 值越大，反映石漠化程度越严重，其最大值为 8。对于未退化的喀斯特区域，SDI 的值为零。SDI 是一个无量纲的和有范围的值，有利于区域层次上的石漠化退化严重程度比较。

4.2.3 结果分析

4.2.3.1 石漠化面积与网格大小的关系

根据各网格单元计算出石漠化综合指数 SDI，考虑一网格单元中如无石漠化、潜在石漠化、轻度石漠化、中度石漠化、强度石漠化和极强度石漠化斑块两两组合各占 50% 时，网格单元的 SDI 值分别为 0、1、3、5、7，因此按 0.001~0.25、0.25~0.5、0.5~2、2~4、4~6、6~8 将各网格单元的石漠化等级划分为无石漠化、潜在石漠化、轻度石漠化、中度石漠化、强度石漠化和极强度石漠化（图 4.5）。基于 4 种网格单元的石漠化评价结果与石漠化现状分布图存在一定的差异，其中对极强度石漠化的评价差异最小，对轻度石漠化评价的差异最大（图 4.6），对无石漠化、潜在石漠化、轻度石漠化和中度石漠化来说，100m×100m 网格的评价值最低。

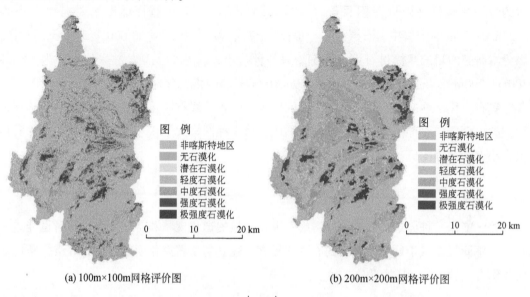

(a) 100m×100m网格评价图   (b) 200m×200m网格评价图

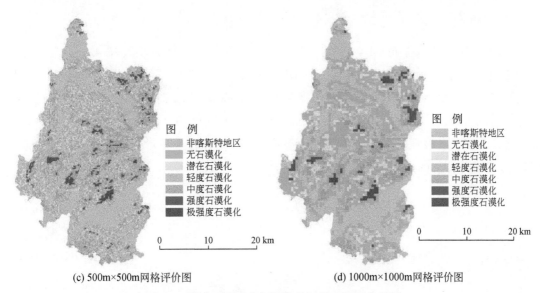

(c) 500m×500m网格评价图   (d) 1000m×1000m网格评价图

图 4.5   研究区基于空间网格单元的石漠化分布图

对极强度石漠化的评价，4 种网格的评价都小于现状评价，以 500m×500m 网格的评价结果最小，200m×200m 网格的评价大于现状评价。对轻度石漠化评价，500m×500m 网格的评价结果最大，是轻度石漠化现状的 2.75 倍，200m×200m 网格和 1000m×1000m 网格的评价高于现状评价，100m×100m 网格的评价低于现状评价。100m×100m 网格、500m×500m 网格的综合评价的无石漠化面积较低。

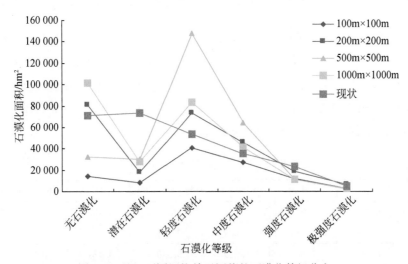

图 4.6   基于不同网格单元评价的石漠化等级分布

4.2.3.2 石漠化综合指数 SDI 与网格大小的关系

基于 4 种网格大小的 SDI 值由低到高表现出不同的差异大小（图 4.7）。SDI 介于 0.001~0.2 时，石漠化面积差异较大；SDI 介于 0.2~0.5 时，石漠化面积差异较小；SDI 介于 0.5~4.4 时，石漠化面积差异表现复杂，以 500m×500m 网格对应的石漠化面积最大；当 SDI 值大于 4.4 时，基于 4 种网格大小的石漠化面积基本接近。这与前面分析的"对潜在石漠化、极强度石漠化和强度石漠化评价的差异较小，对无石漠化、轻度石漠化和中度石漠化评价的差异较大"的结果是一致的。

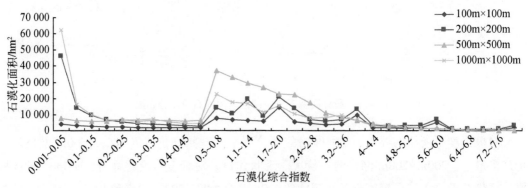

图 4.7 基于不同网格单元评价的石漠化综合指数分布曲线

4.2.3.3 不同地貌类型上的石漠化综合指数

不同地貌类型上的 SDI 平均值也存在差异，以 500m×500m 网格的石漠化综合指数最高（表 4.3）。对不同地貌类型，喀斯特低中山的石漠化综合指数最高，SDI 平均值随评价尺度的变化小。峰丛浅洼地、溶丘谷地、溶丘洼地的 SDI 平均值随评价尺度的变化大，原因在于 100m×100m 和 200m×200m 网格能区分出上述 3 种地貌类型中无石漠化的平缓地貌部位，从而降低了其石漠化综合指数的平均值。

表 4.3 不同地貌类型上的 SDI 平均值

网格单元	喀斯特中山	低中山	峰丛谷地	峰丛浅洼地	溶丘谷地	溶丘洼地	中高山
1000m×1000m	0.761	1.045	0.589	0.711	0.411	1.143	0.758
500m×500m	1.254	1.138	1.084	0.889	0.869	1.268	1.122
200m×200m	0.816	1.060	0.613	0.549	0.370	0.843	0.868
100m×100m	0.535	1.210	0.490	0.212	0.564	0.373	0.422

4.2.4 结论与讨论

4.2.4.1 不同网格评价差异的原因分析

研究区石漠化斑块空间组合特点可分为强度石漠化、极强度石漠化斑块集中分布型，（极）强度石漠化与无石漠化、潜在石漠化斑块混合分布型，潜在石漠化、无石漠化为主分布型，中度石漠化聚集分布型，几种石漠化类型相间分布型（严宁珍和李阳兵，2008）。无石漠化、潜在石漠化和轻度石漠化的较高的斑块密度和斑块数也表明它们均处于破碎化比较高的状态之中（表4.4）。极强度石漠化的斑块数最少，但平均斑块大小最大，极强度石漠化各斑块间的面积和周长标准差大于其他类型。斑块密度最小，表明极强度石漠化各斑块间的差异最大；最大斑块指数大于中度石漠化和强度石漠化，表明极强度石漠化斑块具有集中连片分布的特征。石漠化斑块的空间组合特点和集中分布程度均对评价结果产生影响。

4 种网格单元大小分别为 $1hm^2$（100m×100m）、$4hm^2$（200m×200m）、$25hm^2$（500m×500m）、$100hm^2$（100m×100），而研究区无石漠化、潜在石漠化和极强度石漠化平均斑块大小都大于100m×100m、200m×200m 网格单元，轻度石漠化、中度石漠化和强度石漠化平均斑块大小大于100m×100m、小于200m×200m 网格单元（表4.4），仅从网格单元大小和平均斑块大小的比较看，轻度石漠化、中度石漠化和强度石漠化评价易受网格尺度变化的影响。

表 4.4 2004 年盘县不同石漠化类型的景观生态学特征

石漠化类型	面积比例/%	斑块数/个	平均斑块大小/hm^2	平均形状指数	最大斑块指数	斑块密度	分形维数
无石漠化	17.535 30	12 425	5.716 90	1.742 92	0.402 53	3.067 27	1.362 48
潜在石漠化	18.115 98	15 357	4.778 58	1.779 08	0.648 03	3.791 08	1.366 31
轻度石漠化	13.288 85	13 840	3.889 51	1.710 72	0.262 08	3.416 59	1.363 97
中度石漠化	8.792 20	9 616	3.703 79	1.679 94	0.221 09	2.373 84	1.361 81
强度石漠化	5.835 22	7 118	3.320 80	1.643 38	0.133 91	1.757 17	1.359 25
极强度石漠化	1.308 72	481	11.021 60	1.936 97	0.241 85	0.118 74	1.366 44

4.2.4.2 如何选择合适的网格

当网格单元小于斑块面积时，此时同一网格内的石漠化等级较均匀，空间异质性小，则评价结果不受网格大小的影响（图4.8）；当网格单元与斑块面积接近时，则同一网格内的石漠化斑块可能相对较多，各种石漠化斑块数和石漠化斑块破碎度都对此网格单元的石漠化综合指数产生影响；但网格单元远大于石漠化斑块面积时，此时不同等级石漠化斑块的形状、破碎程度和空间组合特点不对网格单元的石漠化综合指数产生影响，网格单元的石漠化综合指数仅受网格内不同石漠化等级的面积比例控制。

因此，划分网格单元的大小应根据实际情况，对一定区域进行网格化。对研究区而言，采用200m×200m作为空间评价单元，既反映了石漠化斑块面积，也反映了石漠化斑块的空间组合特点和集中分布程度对石漠化综合评价的影响，结果较为适宜。

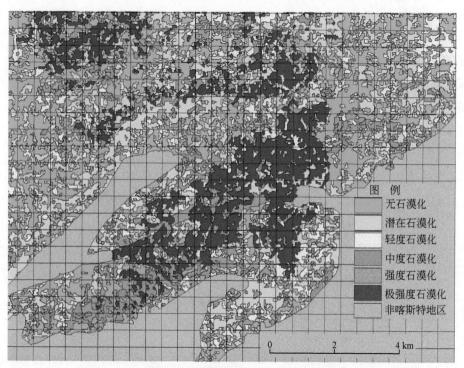

图4.8　研究区局部范围网格单元大小与斑块组合示意图

网格单元大小为500m×500m

4.2.4.3　如何根据SDI值来划分石漠化

本研究通过建立石漠化综合指数SDI，充分考虑了一定空间单元内的石漠化面积比例和斑块组合，评价结果反映了石漠化严重程度的空间异质性特征。需要指出的是，本研究将轻度石漠化、中度石漠化、强度石漠化和极强度石漠化强度权重依次设定为2、4、6、8，其准确性仍是可以讨论的。

SDI值越大，反映石漠化越严重，其最大值为8。本研究按0.001~0.25、0.25~0.5、0.5~2、2~4、4~6、6~8将各网格单元划分为无石漠化、潜在石漠化、轻度石漠化、中度石漠化、强度石漠化和极强度石漠化，是考虑到了网格单元内存在石漠化斑块组合，且网格单元越大，石漠化斑块组合可能越复杂的特点。

4.2.4.4　研究不足

目前对不同空间分辨率下土地覆盖格局研究较多，但有的采用不同空间分辨率的数据（李晓兵等，2003），有的采用对原始栅格数据重采样以得到衍生栅格数据（马胜男等，2006；谢花林等，2006），或对栅格单元的赋值采取优势类型法（杨丽等，2007）。本研究侧重于不同空间评价尺度效应的研究，是直接把不同大小的网格单元叠置在石漠化现状分布图上，所以并不存在信息丢失的问题。但在区域景观研究中尺度效应有两种表现形式：其一是研究区取样面积的尺度效应；其二是选定研究区域后的分析过程中的尺度效应（常学礼等，2003）。因此，还要进一步加强取样面积与斑块数量的关系、取样面积与最大斑块面积的关系和分析尺度与研究斑块的格局关系研究等。

4.3　石漠化斑块动态行为特征与分类评价

斑块是组成景观的主要要素，斑块的大小、数量和形状直接影响到景观的性质（Forman，1995）。已有学者采用 RS 和 GIS 技术对植被景观斑块的形状大小（刘灿然和陈灵芝，2000a；2000b）、干旱区绿洲斑块稳定性（罗格平等，2006）、生态恢复过程中的斑块规模和粒级结构（郭晋平等，2000）、景观斑块结构对沙漠化的影响（常学礼等，2004）和城市斑块扩展动态（Xu et al.，2007）等进行了研究。在岩溶地区，景观斑块类型在不同岩石地貌类型区存在着较明显的差异（邵景安等，2007），潜在石漠化峰丛洼地系统和强度石漠化峰丛洼地系统的景观格局与发展模式代表了西南岩溶山地土地石漠化的典型类型（李阳兵等，2005），旱地斑块破碎程度的增高会加大石漠化发生的可能性（张笑楠等，2008）。但目前涉及石漠化景观斑块动态特征的研究却较少（王德炉等，2005；万军等，2004；Xiong et al.，2009），景观斑块行为特征与石漠化过程的关系更是有待深入探索，造成的一个问题就是很多研究者通过遥感解译或野外样地判断石漠化时，并不了解所研究的石漠化是处于发展过程还是逆转过程，而只是根据自己的需要随意设定石漠化的正逆过程，因此其结果可能是不真实的或错误的。

因此，揭示导致石漠化斑块形成、演化与消亡的因素及其作用机制，对寻找石漠化的主要驱动力和石漠化的防治具有重要的理论意义。本研究以贵州清镇簸箕村为例，利用高精度遥感影像和航空像片，在获取该流域不同时段喀斯特各级石漠化分布格局信息的基础上，对 1973 年、2005 年和 2019 年 3 个时段石漠化斑块的变化形式及其相应的空间分布的规律性进行了研究，详细探讨了喀斯特石漠化土地斑块动态演替的性质和演化方向，目的有以下几点：①基于斑块水平行为过程揭示石漠化扩展和逆转过程；②基于斑块水平行为过程评价石漠化严重程度；③基于斑块水平行为过程寻求防止石漠化发生及进一步发展的最优土地利用方式。

4.3.1　研究区概况

研究区位于喀斯特高原区的清镇市簸箩村、贵州省最大的人工湖——红枫湖北湖上游麦翁河东侧，面积约 22.6km²，研究区中部地貌为典型喀斯特峰丛、西部为溶蚀丘陵谷地、东部为平坝，海拔最高点达 1452m，最低点达 1242m；属亚热带季风湿润气候，多年平均降水量达 1200mm，主要集中在 5~9 月。坝地中以耕地为主；峰丛上以灌木林和草地为主，且物种比较单一，乔木主要为村寨风水林。土壤类型为石灰土、黄壤、水稻土等。研究区内石漠化强度级别发育完全，在贵州中部高原具有较好的代表性。

4.3.2　数据来源与研究方法

4.3.2.1　数据来源

考虑到 20 世纪 50 年代末"大炼钢铁"高潮和在"文化大革命"期间"以粮为纲"对贵州植被的破坏造成严重的土壤侵蚀（徐琳等，2007），本研究选择了 1973 年航空像片（空间分辨率为 1m）和 2005 年 2 月 SPOT 5 影像（空间分辨率为 2.5m），同时辅以实地踏勘和农户访问作为石漠化数据的基本数据源。影像对照 1：10 000 地形图选取控制点，选用 Albers 圆锥等积投影方式，参考 Krasovsky 椭球体，基准经线为 105°E，基准纬线为25°N和47°N，利用 ERDAS 软件进行精校正，校正误差小于半个像元。

4.3.2.2　石漠化等级判定标准

选取若干具有代表性的地段进行实地踏勘，调查 20 世纪 70 年代以来其土地利用和岩石裸露的变化情况。本研究选取石漠化评价单元时，主要考虑以一个完整的地貌单元为评价单元，以峰丛洼地为例，扣除洼地底部平坦部分，根据洼地四周峰丛坡面上的岩石裸露率（%）和裸岩分布部位、植被类型和植被季节变化特征等建立石漠化景观、航空像片和SPOT 5 影像特征三者之间的相关性标志，作为推断全区石漠化等级分布的依据（图 4.9），将石漠化景观分为无石漠化、潜在石漠化、轻度石漠化、中度石漠化、强度石漠化和极强度石漠化六类（表4.5）。考虑到航空像片和SPOT 5影像的分辨率有差异，则根据实地踏勘获得的石漠化土地的地形限制特征，对影像解译结果进行二次分类，以达到提高分类精度的目的。据SPOT 5影像解译的石漠化精度达95.8%，对航空像片解译的结果则根据多次的实地访问，尽量提高解译精度。

图4.9　研究区石漠化景观和航空像片、SPOT 5影像对应关系

表 4.5　研究区不同等级石漠化划分标准

项目	无石漠化	潜在石漠化	轻度石漠化	中度石漠化	强度石漠化	极强度石漠化
岩石裸露率/%	<10	<20	20~50	50~70	70~90	>90
SPOT5 影像特征	亮绿色，块状，边界规则，纹理清晰	深绿色，块状	绿色，零星点缀浸染状白色	浅绿色，带星状白色	浅绿色，带斑状白色	白色，零星点缀浸染状绿色
航空像片特征	斑点状灰黑色（林地）；白色、灰白色，质地均一，条块清晰（耕地）	灰色，质地较均一	灰色，质地很不均一	浅灰色，零星点缀灰黑色	浅白色	条带状白色，斑点状白色，质地极不均一。可见岩层走向

　　注：本研究中无石漠化指耕地（包括水田和坡度<15°的旱地）、坡度<25°的有林地；潜在石漠化指坡度>15°的旱地，或坡度>25°的有林地，以及基本无土壤侵蚀的坡地

4.3.2.3　数据处理

利用 GIS 空间分析、统计分析等方法，研究 1973~2005 年研究区石漠化斑块的动态变化特征。通过跟踪每个斑块在 2 个年份间的演变关系，将 2005 年石漠化斑块按继承性分为新增（延展、新生）、消融和未变 3 种变化模式。其中，新生指该斑块完全由无石漠化和潜在石漠化或其他等级石漠化斑块转化而来并独立于同一等级的其他同类斑块；延展指斑块空间范围在原斑块规模上的扩大；消融指原独立斑块完全消失，为其他等级石漠化或无石漠化斑块所替代。通过把两期数据叠加，再利用 Visual Fox Pro 语言编程，逐个斑块比较同一面积范围内的属性变化，判断其是新生、未变还是扩展。以无石漠化（11）斑块为例，判断准则如下：斑块面积相等且两期石漠化属性全为 11 的为未变斑块；斑块面积相等且两期石漠化属性全不为 11 的为新生斑块；斑块面积相等且两期石漠化属性部分为 11 的为延展斑块。

4.3.3　结果分析

4.3.3.1　研究区石漠化分布与变化

从图 4.10 可以看出，研究区 1973 年和 2005 年各等级石漠化面积比例变化并不明显，潜在石漠化面积比例从 17.52% 上升到 24.34%，轻度石漠化面积比例从 9.06% 增加到 10.88%，中度石漠化面积比例从 9.75% 下降到 1.53%，强度石漠化面积比例从 14.06% 上升到 17.10%，极强度石漠化面积比例从 6.65% 下降到 3.22%。

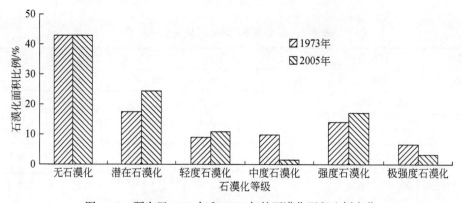

图 4.10　研究区 1973 年和 2005 年的石漠化面积比例变化

尽管研究区 1973 年和 2005 年各等级石漠化面积比例变化并不明显，但各等级石漠化斑块相互之间存在明显的动态转换（表 4.6）。共有 55.51hm² 的极强度石漠化等级以下的土地转成极强度石漠化，134.11hm² 的极强度石漠化土地不同程度地有所恢复；共有237.52hm² 的强度石漠化等级以下的土地形成强度石漠化，198.26hm² 的强度石漠化土地不同程度地有所恢复。因此，从研究区的石漠化土地斑块空间转移来看，研究区的土地石漠化整体上并未有明显的好转，甚至有局部加重的趋势。根据研究区土地石漠化转移矩阵，可以判断总的演变趋势，但无法判断某具体石漠化斑块的演变趋势动态，因此，我们认为，在评价研究区的生态退化与恢复情况时，除了重视土地利用类型的绝对面积变化外，各种石漠化斑块类型间的相互变化过程也是不可忽视的，下面将着重探讨各类石漠化斑块的行为特征。

表 4.6　研究区 1973 年和 2005 年石漠化转移矩阵　　　（单位：hm²）

2005 年＼1973 年	无石漠化	潜在石漠化	轻度石漠化	中度石漠化	强度石漠化	极强度石漠化	合计
无石漠化	594.56	181.90	101.02	21.97	48.71	21.34	969.51
潜在石漠化	191.90	114.99	52.17	68.23	87.26	37.91	552.46
轻度石漠化	64.21	42.23	23.67	40.20	54.79	21.68	246.78
中度石漠化	8.52	7.96	2.24	6.29	7.50	2.24	34.75
强度石漠化	87.71	46.99	24.79	78.03	99.67	50.94	388.14
极强度石漠化	16.27	5.79	2.96	7.66	22.83	17.51	73.02
合计	963.18	399.85	206.86	222.39	320.76	151.62	—

4.3.3.2　各类石漠化斑块的行为特征

将 2005 年石漠化斑块按继承性分为延展、新生、消融和未变等变化模式。无石漠化土地中未变斑块占 2005 年无石漠化面积的 61.32%；潜在石漠化土地消融、延展和新生的比例都大于未变斑块；轻度石漠化土地消融和新生斑块分别达到 183.14hm² 和 183.24hm²，接近 1973 年和 2005 年的轻度石漠化面积，说明轻度石漠化土地斑块与其他石漠化类型在空间上存在着强烈的转换，相互之间的频繁转换使轻度石漠化斑块具有不稳定性而处于一种波动状态，轻度石漠化土地既有大面积的恢复又有大面积的进一步形成。中度石漠化斑块以消融为主，并且延展的比例大于新生的比例；强度石漠化消融、延展和新生斑块的比例高于未变斑块，消融、延展和新生斑块分别占 2005 年强度石漠化面积的 56.96%、46.45%、27.81%；极强度石漠化斑块以消融为主，但延展和新生斑块分别占 2005 年极强度石漠化的 44.07% 和 31.88%（图 4.11）。

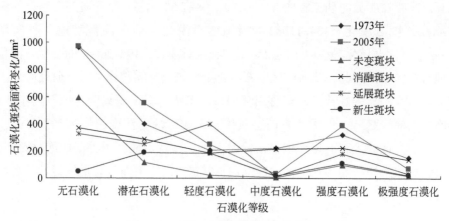

图 4.11　研究区石漠化斑块面积变化

从 1973 年和 2005 年的石漠化的演变过程看，无石漠化土地的未变斑块数最大，其次是新生和延展斑块；潜在石漠化、轻度石漠化、中度石漠化和强度石漠化的新生斑块数最大；极强度石漠化的新生斑块数和消融斑块数接近（图 4.12）。石漠化土地延展、新生、消融和未变 4 种斑块变化模式中，以新生斑块的斑块数最多。从不同等级石漠化土地的各类斑块的平均面积看，以消融斑块的平均面积最大，其中轻度及以上石漠化等级中又以轻度石漠化的消融斑块面积最大（图 4.13）。

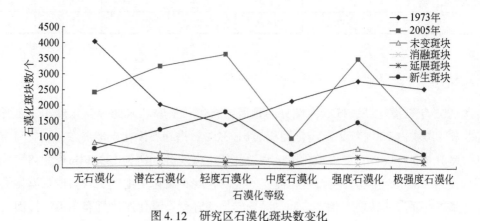

图 4.12　研究区石漠化斑块数变化

4.3.3.3　各类石漠化斑块的来源

从各类石漠化斑块的来源看，存在一些斑块由无石漠化直接到极强度石漠化斑块之间的相互转换，2005 年新生的极强度石漠化斑块主要来源于无石漠化和强度石漠化等级类型（图 4.14）。新生的强度石漠化斑块主要来源于强度石漠化等级以下的斑块类型，依次是

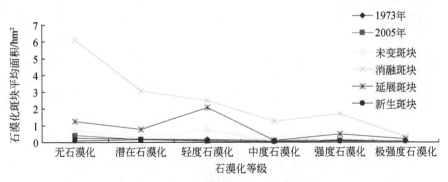

图 4.13 研究区石漠化斑块平均面积变化

无石漠化、潜在石漠化和中度石漠化；新生的中度石漠化斑块主要来源于无石漠化、强度石漠化和潜在石漠化等级类型；新生的轻度石漠化来源于各级石漠化等级类型，其面积为 18.02hm²，其中来源于极强度石漠化的面积最少；新生的潜在石漠化来源于各级石漠化等级类型，其中来源于无石漠化、强度石漠化和中度石漠化的面积分别为 70.6hm²、39.3hm² 和 26.36hm²；新生的无石漠化来源于轻度石漠化和强度石漠化等级类型的面积分别为 14.33hm² 和 14.50hm²。

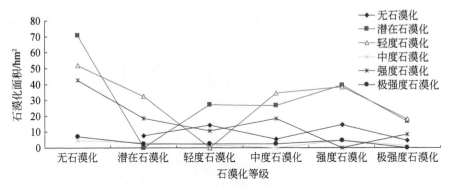

图 4.14 研究区 2005 年新生斑块来源

延展的无石漠化斑块主要来源于潜在石漠化、轻度石漠化和强度石漠化等级类型；延展的潜在石漠化主要来源于无石漠化、强度石漠化和中度石漠化等级类型；延展的轻度石漠化主要来源于强度石漠化、无石漠化和潜在石漠化等级类型；延展的中度石漠化主要来源于无石漠化、潜在石漠化和强度石漠化；延展的强度石漠化来源于各级石漠化等级类型，其中来源面积最小的轻度石漠化为 14.19hm²；延展的极强度石漠化主要来源于强度石漠化和无石漠化等级类型（图 4.15）。

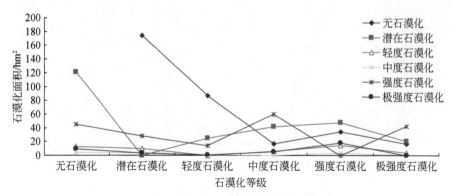

图 4.15　研究区 2005 年延展斑块来源

4.3.3.4　研究区 2005 年和 2019 年石漠化斑块动态

图 4.16 反映了 2005 和 2019 年石漠化不同演变模式的空间分布。在研究区中部峰丛的石漠化连片分布区，石漠化土地以等级降低和消融成潜在石漠化和无石漠化斑块为主；在研究区的西部，分布有各种原因造成的新生和延展石漠化斑块（图 4.16）。不同等级石漠化斑块行为特征差别较大，对无石漠化斑块，以未变为主，其面积比例约占 99%；未变的潜在石漠化斑块占 93.3%，新生为石漠化斑块的面积占 6.7%；未变的轻度石漠化斑块

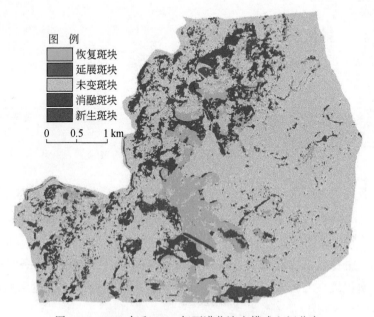

图 4.16　2005 年和 2019 年石漠化演变模式空间分布

占 47.3%，消融转变为非石漠化斑块的面积占 43.7%，而发生延展的轻度石漠化斑块面积占 9.0%；中度石漠化斑块以消融为主，其次是未变和恢复（等级降低）；强度石漠化斑块和极强度石漠化斑块以等级降低恢复和消融为主（图 4.17）。

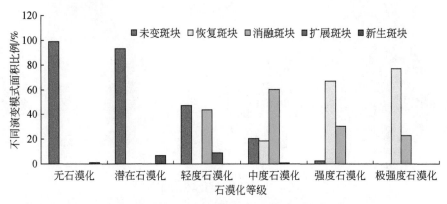

图 4.17　2005 年和 2019 年不同等级石漠化演变模式数量变化

4.3.4　讨论

4.3.4.1　一种新的石漠化分类方法

从岩溶生态系统难恢复特性和恢复时间来看，必须是经过一定时间仍不能自然恢复的土地才是石漠化土地，如自 20 世纪 70 年代以来岩石裸露面积一直较大的石山荒坡才是石漠化土地。而目前广泛采用的石漠化程度分级依据植被土被覆盖率、基岩裸露率、坡度、土壤厚度等，强调了景观现状（王德炉等，2005），近来也有人强调根据土地利用成因对石漠化土地进行分类（李阳兵等，2006；张信宝等，2007），但上述分类方法无法判断石漠化土地的延展和逆转趋势。我们根据石漠化斑块的动态演替行为认为，可将研究区 2005 年的石漠化分为未变石漠化、新生石漠化、延展石漠化。强烈的岩溶化过程是石漠化产生的主要自然原因，人类对生态的破坏和土地的不合理利用是石漠化过程产生的主要人为因素。未变石漠化斑块的形成一方面由碳酸盐岩低成土速率和喀斯特生态系统的破坏后难恢复特性决定；另一方面也可能是受到了持续的干扰，研究区的未变石漠化斑块才是自 70 年代以来的真正意义上的石漠化土地，如研究区中下部峰丛坡面及鞍部的石漠化斑块（图 4.18）。研究区新生石漠化、延展石漠化斑块是一种与脆弱生态地质背景和人类活动相关联的土地退化过程，很明显其激发因素是对土地的不合理利用，可理解为研究区近年人为加速石漠化的过程（李阳兵等，2004），如研究区中部靠近村落，因其近年大力发展养殖，

2004 年有 656 头牛、151 匹马，坡度较缓的灌草坡载畜牧量大，过度放牧现象严重，对石漠化过程影响显著（周梦维等，2007）；植被受到破坏难以恢复，石漠化面积扩大。

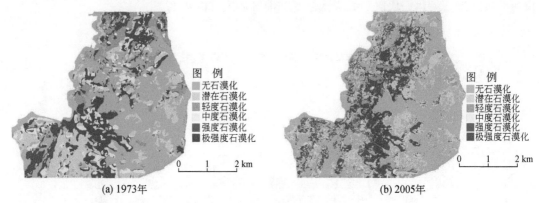

(a) 1973年   (b) 2005年

图 4.18　研究区石漠化分布图

4.3.4.2　基于斑块动态的研究区石漠化演变评价

目前石漠化的评价和等级划分也都是围绕着石漠化现状进行，局限于单一年限的现状评价。而根据前述的研究结果，石漠化的变化大多是从一个等级变到了另一个等级，而并非在石漠化和无石漠化之间直接变化。因此我们认为，石漠化评价要考虑斑块的行为特征过程，如能根据两期或多期石漠化数据，研究斑块的未变、新增和消融动态，不但可以进行石漠化的现状评价，还可进一步进行石漠化的发展速率和危险性评价。因此，我们定义如下指标。

（1）石漠化指数

石漠化指数=某石漠化等级未变斑块的面积/2005 年某等级石漠化总面积

上式分子代表某石漠化等级未变斑块的面积，分母代表未变石漠化、新生石漠化和延展石漠化面积之和。这个比值代表研究区石漠化斑块的长期持续性，其值越高，表明石漠化的治理难度越大。计算结果表明，研究区整体范围内的石漠化指数为 19.85%，轻度、中度、强度、极强度石漠化的形成强度指数分别为 9.60%、18.10%、25.68%、23.98%。

（2）石漠化逆转指数

石漠化逆转指数=（形成低于某石漠化等级的斑块面积–由低于某石漠化等级转换而来的面积）/2005 年某等级石漠化总面积

上式分子代表消融成低于某石漠化等级的石漠化斑块面积之和与新生石漠化和延展石漠化斑块面积之和的差值，分母代表未变石漠化、新生石漠化和延展石漠化面积之和。这个比值代表研究区石漠化恢复与扩展程度，如由越低等级石漠化斑块转换而来的极强度石漠化的面积比例越高，表明石漠化强度越大，危险性越大；如形成低于某石漠化等级的斑块面积比例越高，表明石漠化恢复速率越大，可恢复性越大。研究区整体范围内的石漠化逆转指数为 21.40%，轻度、中度、强度、极强度石漠化的逆转指数分别为 18.94%、321.38%、−10.11%、107.64%。因此，尽管研究区的轻度、中度和极强度石漠化在恢复，但其强度石漠化仍然在扩展。

4.3.4.3 石漠化斑块行为特征对石漠化治理的启示

弄清石漠化斑块演化后的过程及结果，进而分析人类对其可能产生的影响，对石漠化土地防治和生态保护都有一定的科学指导意义。因此，根据石漠化斑块的行为特征，我们提出了研究区石漠化土地治理的思路：首先查明石漠化斑块未变、新生和延展的原因，如是否是地形地貌或岩性因素导致其经历 20 余年仍未发生变化，是哪一种土地利用方式导致新生或延展，等等；对石漠化斑块要杜绝其新生，防止已有的石漠化斑块延展，未变的石漠化斑块引导其消融，如研究区西南部和北部受退耕和撂荒影响，石漠化土地消融。对无石漠化和潜在石漠化斑块，要想办法使其保持未变状态，引导其新生和延展，防止其演变成石漠化斑块。

4.3.5 结论

本节以高清影像为数据源，结合实地调查，研究了喀斯特石漠化斑块行为动态特征，得到以下结论：

1）研究区不同等级的石漠化斑块的转换关系复杂，尤其是轻度石漠化土地斑块与其他石漠化类型在空间上存在着强烈的转换。不同等级石漠化斑块相互之间的频繁转换使景观斑块具有不稳定性，整体景观尚处于一种波动状态，表明退耕还林还草等石漠化治理与毁林毁草等干扰同时并存，植被恢复与退化并存。

2）根据石漠化斑块的动态演替行为认为，可将 2005 年的石漠化分为未变石漠化、新生石漠化、延展石漠化。

3）根据石漠化强度指数，研究区的石漠化一方面在恢复；另一方面其石漠化形成强度仍然是较高的。

4）对石漠化斑块要杜绝其新生，防止已有的石漠化斑块延展，未变的石漠化斑块引导其消融。对无石漠化和潜在石漠化斑块，要想办法使其保持未变状态，引导其新生和延展，防止其演变成石漠化斑块。

5）本研究着重对研究区石漠化斑块的行为动态及据此的石漠化分类与评价进行了探

讨，此后还需要进一步对斑块动态变化机制进行分析，以更有利于石漠化的防治。

4.4　本章小结

本章运用石漠化综合指数，从区域尺度和网格单元尺度探讨了石漠化评价方法，并进一步提出根据石漠化斑块的行为动态进行石漠化分类与评价。

参 考 文 献

白晓永，熊康宁，苏孝良 . 2005. 喀斯特石漠化景观及其土地生态效应——以贵州贞丰县为例 [J]. 中国岩溶，24（4）：276-281.

常学礼，张安定，杨华，等 . 2003. 科尔沁沙地景观研究中的尺度效应 [J]. 生态学报，23（4）：635-641.

常学礼，鲁春霞，高玉葆 . 2004. 科尔沁沙地景观斑块结构对沙漠化过程影响分析 [J]. 生态学报，24（6）：1237-1242.

郭晋平，薛俊杰，李志强，等 . 2000. 森林景观恢复过程中景观要素斑块规模的动态分析 [J]. 生态学报，20（2）：218-223.

胡宝清，廖赤眉，严志强等 . 2004. 基于 RS 和 GIS 的喀斯特石漠化驱动机制分析——以广西都安瑶族自治县为例 [J]. 山地学报，22（5）：583-590.

黄秋昊，蔡运龙 . 2005. 基于 RBFN 模型的贵州省石漠化危险度评价 [J]. 地理学报，60（5）：771-778.

黄晓云，常晟，王静爱，等 . 2013. 中国喀斯特脆弱生态环境石漠化风险评价方法 [J]. 世界林业研究，26（6）：45-51.

黄晓云，王静爱，尹卫霞，等 . 2017. 灾害系统视角下的石漠化风险评价研究——以贵州省大方县为例 [J]. 灾害学，32（3）：87-90.

李瑞玲，王世杰 . 2004. 喀斯特石漠化评价指标体系探讨 [J]. 热带地理，24（12）：145-149.

李瑞玲，王世杰，周德全 . 2003. 贵州岩溶地区岩性与土地石漠化的相关分析 [J]. 地理学报，58（2）：314-320.

李晓兵，陈云浩，李霞 . 2003. 基于多尺度遥感测量的区域土地覆盖格局研究 [J]. 植物生态学报，27（5）：577-586.

李阳兵，王世杰，容丽 . 2004. 关于喀斯特石漠和石漠化概念的讨论 [J]. 中国沙漠，24（6）：689-695.

李阳兵，王世杰，容丽，等 . 2005. 不同石漠化程度岩溶峰丛洼地系统景观多样性的比较 [J]. 地理研究，24（3）：371-378.

李阳兵，白晓永，周国富，等 . 2006. 中国典型石漠化地区土地利用与石漠化的关系 [J]. 地理学报，61（6）：624-632.

林珊珊，郑景云，何凡能 . 2008. 中国传统农区历史耕地数据网格化方法 [J]. 地理学报，63（1）：83-92.

刘灿然，陈灵芝. 2000a. 北京地区植被景观斑块形状的分形分析 [J]. 植物生态学报，24（2）：129-134.

刘灿然，陈灵芝. 2000b. 北京地区植被景观中斑块形状的指数分析 [J]. 生态学报，24（4）：559-567.

刘云芳，刘瑞禄，李瑞. 2012. 关于喀斯特地区石漠化现状评价的几点思考 [J]. 亚热带水土保持，24（1）：49-50, 67.

罗格平，周成虎，陈曦. 2006. 干旱区绿洲景观斑块稳定性研究：以三江河流域为例 [J]. 科学通报，51（增）：73-80.

马胜男，岳天祥，吴世新. 2006. 新疆阜康市景观多样性模拟对空间尺度的响应 [J]. 地理研究，25（3）：359-367.

毛蒋兴，李志刚，闫小培，等. 2008. 基于微观空间单元的景观城市化水平对土地利用变化的影响 [J]. 生态学报，28（8）：3584-3596.

单玉红，朱欣焰，杜道生. 2008. 土地资源的多级网格数据结构建立与应用研究 [J]. 自然资源学报，23（2）：336-344.

邵景安，李阳兵，王世杰，等. 2007. 岩溶山区不同岩性和地貌类型下景观斑块分布与多样性分析 [J]. 自然资源学报，22（3）：478-485.

万军，蔡运龙，张惠远. 2004. 贵州省关岭县土地利用/土地覆被变化及土壤侵蚀效应研究 [J]. 地理科学，24（5）：573-579.

王德炉，朱守谦，黄宝龙. 2005. 贵州喀斯特石漠化类型及程度评价 [J]. 生态学报. 25（5）：1057-1063.

王金华，李森，李辉霞，等. 2007. 石漠化土地分级指征及其遥感影像特征分析——以粤北岩溶山区为例 [J]. 中国沙漠，27（5）：765-770.

王瑞江，姚长洪，蒋忠诚，等. 2001. 贵州六盘水石漠化的特点、成因与防治 [J]. 中国岩溶，20（3）：211-216.

王世杰，李阳兵，李瑞玲. 2003. 喀斯特石漠化的形成背景、演化与治理 [J]. 第四纪研究，2（6）：657-666.

王宇，张贵. 2003. 滇东岩溶石山地区石漠化特征及成因 [J]. 地球科学进展，18（6）：933-938.

吴凤志，白开梅. 2017. 基于 OLI 数据的云南禄劝县石漠化敏感性评价 [J]. 测绘与空间地理信息，40（11）：83-86, 89.

夏学齐，田庆久，杜凤兰. 2006. 石漠化程度遥感信息提取方法研究 [J]. 遥感学报，10（4）：469-474.

谢花林，刘黎明，李波. 2006. 土地利用变化的多尺度空间自相关分析——以内蒙古翁牛特旗为例 [J]. 地理学报，61（4）：389-400.

徐琳，王红亚，蔡运龙. 2007. 黔中喀斯特丘原区小河水库沉积物的矿物磁性特征及其土壤侵蚀意义 [J]. 第四纪研究，27（3）：408-416.

许军强，张斌，袁晶，等. 2019. 基于遥感技术的南水北调水源区（河南段）石漠化遥感调查与评价 [J]. 世界地质，38（4）：1-8.

严宁珍, 李阳兵. 2008. 石漠化景观格局分布特征及其影响因素分析——以贵州盘县为例 [J]. 中国岩溶, 27 (3): 255-260.

杨丽, 甄霖, 谢高地. 2007. 泾河流域景观指数的粒度效应分析 [J]. 资源科学, 29 (2): 183-187.

岳跃民, 张兵, 王克林, 等. 2011. 石漠化遥感评价因子提取研究 [J]. 遥感学报, 15 (4): 722-736.

张笑楠, 王克林, 陈洪松, 等. 2008. 桂西北喀斯特区域景观结构特征与石漠化的关系 [J]. 应用生态学报, 19 (11): 2467-2472.

张信宝, 王世杰, 贺秀斌, 等. 2007. 西南岩溶山地坡地石漠化分类刍议 [J]. 地球与环境, 35 (2): 188-192.

周梦维, 王世杰, 李阳兵. 2007. 喀斯特石漠化小流域景观的空间因子分析——以贵州清镇王家寨小流域为例 [J]. 地理研究, 26 (5): 897-905.

Forman R T T. 1995. Land Mosaics: The Ecology of Landscape and Region. Cambridge: Cambridge University Press.

Tong C, Wu J, Yong S, et al. 2004. A landscape-scale assessment of steppe degradation in the Xilin River Basin, Inner Mongolia, China [J]. Journal of Arid Environments, 59: 133-149.

Wang S J, Li R L, Sun C X. 2004. How types of carbonate assemblages constrain the distribution of Karst rocky desertification in Guizhou Province, P. R. China: Phenomena and mechanism [J]. Land Degradation & Development, 15: 123-131.

Wang S J, Liu Q M, Zhang D F, et al. 2004. Karst rock desertification in Southwestern China: Geomorphology, land use, impact and rehabilitation [J]. Land Degradation & Development, 15: 115-121.

Xiong Y J, Qiu G Y, Mo D K, et al. 2009. Rocky desertification and its causes in Karst areas: a case study in Yongshun County, Hunan Province, China [J]. Environmental Geology, 59 (7): 1481-1488.

Xu C, Liu M S, Zhang C, et al. 2007. The spatiotemporal dynamics of rapid urban growth in the Nanjing metropolitan region of China [J]. Landscape Ecology, 22: 925-937.

第 5 章 | 石漠化演变过程及其空间差异成因

石漠化是近百年来发生在中国西南部喀斯特地区的一种典型土地退化现象，是岩溶环境脆弱性加上人类不恰当的土地利用干扰形成的（袁道先，2008）。目前对单一时段的石漠化研究较多，阐述了石漠化土地的监测评价（Huang and Cai，2009）、空间分布与岩性的关系（Wang et al.，2004；杨青青等，2009）、石漠化土地的景观结构特征（周梦维等，2007；张笑楠等，2008；严宁珍和李阳兵，2008）；但对石漠化在近几十年来的演变研究较少，或研究时间间隔太短，不能反映石漠化土地的变化过程，得出的结论难以令人信服（白晓永等，2009；Xiong et al.，2009）。研究时段达 30 年的石漠化研究成果很少（Huang and Cai，2007；张素红等，2008），且这些成果采用的石漠化土地利用转移矩阵的方法只是定量地反映了石漠化等级类型的数量变化，而不能在空间上反映出某一石漠化图斑的连续演替过程。喀斯特石漠化研究要加强过程的研究，把石漠化现状研究和演化历史有机地结合起来，弄清石漠化土地变化的类型、变化的原因及其空间分布，才能切实对石漠化地区的生态恢复重建起到指导作用。本章将基于较高分辨率和高分辨率遥感影像数据，精确展示不同喀斯特地貌单元石漠化土地的空间分布及演变，揭示不同喀斯特地貌单元石漠化土地空间分布与演变的共同性与差异性规律，提供高精度的石漠化微观案例研究，从而为喀斯特石漠化治理提供参考。

5.1 区域尺度石漠化演变轨迹——以盘县为例

土地覆盖演变轨迹是对环境和人类活动最重要的响应之一（Ruiz and Domon，2009），对了解土地覆盖变化的高度时空复杂性很有必要（Nagendra1 et al.，2003），时间序列的遥感数据被越来越多地用于研究变化迹线（Vågen，2006）。因此，本研究针对目前注重石漠化的"现象研究"，而忽视其历史的"过程研究"的现状，选择贵州省典型石漠化地区——盘县作为研究对象，利用土地覆盖演变轨迹的方法结合 1974 年、1999 年和 2007 年的遥感数据，着重解决以下 2 个问题：①不同等级的石漠化土地和无石漠化土地是怎样演变的？其演变过程能否指示石漠化未来的演变格局？②石漠化土地动态变化过程对石漠化评价和石漠化土地治理的启示。研究旨在为石漠化的基础研究和石漠化治理提供一种思路。

5.1.1 研究方法

5.1.1.1 数据的来源和校正

研究区概况及其石漠化和土地利用分布见李阳兵等（2007）的研究。研究区喀斯特石漠化数据主要来源于1974年MSS、1999年TM、2007年TM影像解译数据。首先以1∶5万地形图为基础控制依据，在遥感图像和地形图上选择稳定、明显的对应地物作为控制点，纠正误差控制在1个像元左右，以保证长时间序列中的多时相遥感数据不发生明显的空间位置偏移，因MSS影像空间分辨率较低，辅以利用1963年测绘的1∶5万地形图，通过地形特征的限制尽量提高MSS影像的解译精度。本研究选取石漠化评价单元时，主要考虑以一个完整的地貌单元为评价单元，以峰丛洼地为例，扣除洼地底部平坦部分，根据洼地四周峰丛坡面上的岩石裸露率和裸岩分布部位、植被类型和植被季节变化特征(表5.1)，结合研究区土地利用现状、地形图、土壤图及实地调查，生成1∶5万喀斯特石漠化图(图5.1)。本研究所指的喀斯特石漠化不包括非碳酸盐岩区的岩石裸露。坡度图来源于根据1∶5万地形图数字化的DEM，地貌数据来源于1∶50万的贵州省地貌类型图。在2004年和2007年进行了2次实地踏勘，通过实地调查访问以解决解译过程中遇到的同物异谱问题，为了验证1974年MSS影像对石漠化的解译精度，特调查了在1974年MSS、1999年TM、2007年TM影像上均表现为强烈石漠化的图斑，与实地情况明显一致，证明利用MSS影像研究县级尺度的石漠化分布是可行的。

表5.1　喀斯特石漠化强度分级标准表

项目	无石漠化 (11)	潜在石漠化 (12)	轻度石漠化 (13)	中度石漠化 (14)	强度石漠化 (15)	极强度石漠化 (16)
岩石裸露率/%	20	20~30	30~50	50~70	70~90	>90
影像特征	红色、深红色，块状，边界规则，纹理清晰	淡红色，块状	灰色，零星点缀浸染状白色	浅绿色，带星状白色	浅绿色，带斑状白色	白色、灰色，斑点状

注：本研究中无石漠化指水田和平坝旱地、坡度<25°的有林地；潜在石漠化指坡度>15°的旱地，或坡度>25°的有林地或基本无土壤侵蚀的坡地，或经常砍伐的灌丛、经常放牧坡度较大的草坡

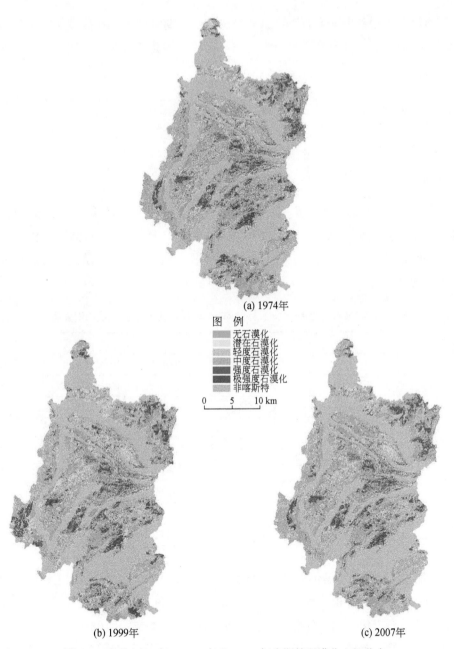

(a) 1974年

图 例
无石漠化
潜在石漠化
轻度石漠化
中度石漠化
强度石漠化
极强度石漠化
非喀斯特

0   5   10 km

(b) 1999年   (c) 2007年

图 5.1   盘县 1974 年、1999 年和 2007 年喀斯特石漠化空间分布

5.1.1.2   石漠化演变轨迹分析

获得 1974 年、1999 年、2007 年 3 个时期的石漠化分布图后，将 3 个时期的石漠化数据转换成 30m×30m 栅格，运用 ArcGIS 软件中的图层代数运算方法得到石漠化的演变轨

迹。从无石漠化土地到极强度石漠化土地经过 3 个时期将产生 216 种可能的演变轨迹。为简化运算，本研究把轻度及其以上等级（13～16）石漠化统称为石漠化土地，只探讨最有代表性的石漠化演变轨迹。

5.1.2 结果分析

5.1.2.1 盘县石漠化演变轨迹

本研究把轻度及其以上等级（13～16）石漠化统称为石漠化土地，根据 1974 年、1999 年到 2007 年盘县喀斯特地区土地的石漠化等级状态的变化，盘县石漠化和无石漠化土地在 3 个时期可归纳为石漠化—石漠化—石漠化、无石漠化—石漠化—石漠化等 8 种演变轨迹（表 5.2）。

表 5.2 盘县石漠化 1974 年、1999 年和 2007 年土地演变轨迹和演变类型

演变类型	演变轨迹			面积	占 2007 年各等
	1974 年	1999 年	2007 年	/km²	级的比例/%
不变型	石漠化	石漠化	石漠化	1060.92	89.49
	无石漠化	无石漠化	无石漠化	1110.24	76.97
逆转减弱型	石漠化	石漠化	无石漠化	22.67	1.57
	石漠化	无石漠化	无石漠化	117.73	8.16
反复型	无石漠化	石漠化	无石漠化	152.89	10.60
	石漠化	无石漠化	石漠化	14.73	1.24
加重型	无石漠化	无石漠化	石漠化	3.90	0.33
	无石漠化	石漠化	石漠化	7.76	0.65

3 个时期中一直保持石漠化土地状态的面积为 1060.92km²；由石漠化土地逆转减弱为无石漠化土地的面积为 140.40km²；在石漠化和无石漠化之间反复变动的面积占 167.62km²；由无石漠化转变成石漠化土地，石漠化程度加重的面积占 11.66km²（表 5.2）。总的来说，逆转的趋势大于加重的趋势。3 个时期的石漠化总面积变化不明显，但土地退化轨迹表明，3 个时期盘县不同等级石漠化土地仍存在着复杂和较大数量的转化，2007 年石漠化土地面积明显减少，但局部有恶化加重的趋势。

8 种演变轨迹进一步可分为不变型、逆转减弱型、反复型和加重型 4 种演变类型，每一种演变轨迹和类型都有明确的生态含义，反映了盘县土地在自然因素和人为因素综合作用下的不同演变轨迹（图 5.2）。

4 种演变类型配合石漠化强度还可进一步划分。以不变型为例，可分为无石漠化—无石漠化—无石漠化、潜在石漠化—潜在石漠化—潜在石漠化等 6 种强度演变轨迹。盘县 2007 年的退化土地中，从 1974～2007 年不变形演变类型的面积占较高的比例（表 5.3、图 5.3），如极强度石漠化（16）有 95.40% 未发生过变化。这反映了石漠化土地，尤其是退化程度高的石漠化土地，如果其发生的特定地质、地貌和人为干扰条件不改变，石漠化土地一旦形成，其恢复是一个长期的过程。当然，具体到盘县各个等级石漠化区，各种石漠化不变型轨迹的驱动因素应存在差别，可能是严酷的自然条件，也可能是人为干扰持续存在导致石漠化土地长期未发生变化。

表 5.3 不变型演变类型下的喀斯特石漠化数量组成

不变型的石漠化强度演变轨迹	面积/km²	占 2007 年各等级的比例/%
无石漠化—无石漠化—无石漠化	539.22	75.89
潜在石漠化—潜在石漠化—潜在石漠化	571.02	78.03
轻度石漠化—轻度石漠化—轻度石漠化	476.03	88.02
中度石漠化—中度石漠化—中度石漠化	336.28	93.58
强度石漠化—强度石漠化—强度石漠化	198.38	85.25
极强度石漠化—极强度石漠化—极强度石漠化	50.23	95.40

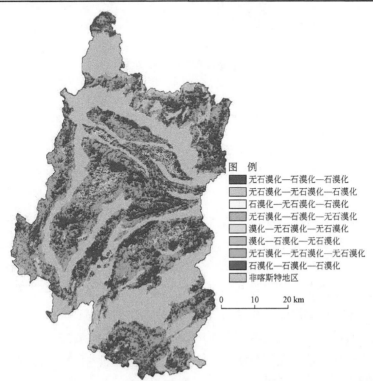

图 例
▮ 无石漠化—石漠化—石漠化
▯ 无石漠化—无石漠化—石漠化
▯ 石漠化—无石漠化—石漠化
▯ 无石漠化—石漠化—无石漠化
▯ 漠化—无石漠化—无石漠化
▯ 漠化—石漠化—无石漠化
▯ 无石漠化—无石漠化—无石漠化
▮ 石漠化—石漠化—石漠化
▯ 非喀斯特地区

0   10   20 km

图 5.2 盘县石漠化 1974 年、1999 年、2007 年土地演变轨迹

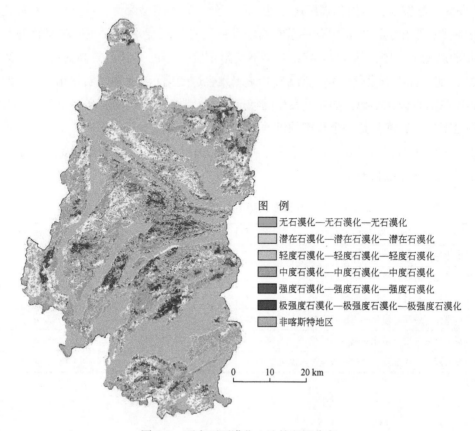

图 例
- 无石漠化—无石漠化—无石漠化
- 潜在石漠化—潜在石漠化—潜在石漠化
- 轻度石漠化—轻度石漠化—轻度石漠化
- 中度石漠化—中度石漠化—中度石漠化
- 强度石漠化—强度石漠化—强度石漠化
- 极强度石漠化—极强度石漠化—极强度石漠化
- 非喀斯特地区

0   10   20 km

图 5.3　不变型石漠化土地的空间分布

5.1.2.2　不同轨迹的分布与地貌和坡度的关系

（1）不同轨迹的分布与地貌的关系

分析 8 种退化演变轨迹在不同地貌类型和坡度梯度上的分布，有助于判断各种退化演变轨迹形成的原因。

不变型主要分布在峰丛浅洼地，其次是喀斯特低中山、溶丘洼地；逆转减弱型主要分布在峰丛浅洼地、峰丛谷地、溶丘洼地和喀斯特中高山；反复型主要分布在喀斯特中高山、峰丛浅洼地、溶丘洼地；加重型主要分布在峰丛浅洼地、喀斯特中高山。具体而言，石漠化—石漠化—石漠化、无石漠化—石漠化—无石漠化、石漠化—石漠化—无石漠化、无石漠化—无石漠化—石漠化等在峰丛浅洼地的分布比例最高；石漠化—无石漠化—石漠化、无石漠化—石漠化—石漠化在喀斯特中高山的分布比例最高（图 5.4）。可以看出，峰丛浅洼地是石漠化土地和无石漠化土地相互之间变化剧烈的区域，原因在于这一区域经历了开垦—撂荒—开垦等的开发过程。

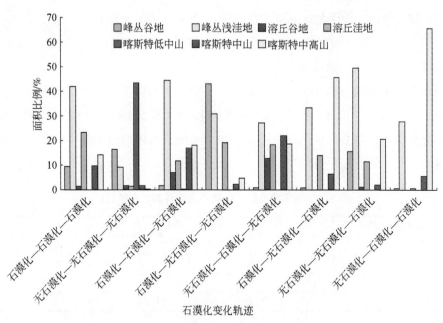

图 5.4　不同地貌类型中石漠化土地变化轨迹面积比例

（2）不同轨迹的分布与坡度的关系

不变型主要分布在 10°～35°坡度级（图 5.5），10°～17.5°坡度级各变化轨迹分布比例最高，其次是 17.5°～25°和 25°～35°。逆转减弱型和反复型主要分布在 10°～17.5°、

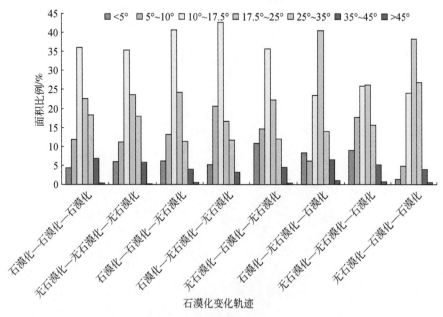

图 5.5　不同坡度梯度的土地变化轨迹面积比例

17.5°~25°坡度级内，原因与这一坡度级的农业结构调整和退耕有关。加重型主要分布在17.5°~25°、10°~17.5°坡度级。上述分布表明，10°~25°、35°~45°坡度级保水保土难，植被难以恢复，石漠化土地长期存在。

进一步分析不变的石漠化土地中各等级石漠化在不同坡度梯度等级的分布，发现其主要分布在10°~17.5°、17.5°~25°、25°~35°坡度级（表5.4），应与人为干扰主要发生在这一坡度级有关，而对其具体原因，则需要进一步结合具体的地貌条件和人为干扰方式频率才能确定，仍需进一步研究。

表5.4　不同坡度梯度中的不变型石漠化土地分布　　　　（单位:%）

石漠化强度演变轨迹	<5°	5°~10°	10°~17.5°	17.5°~25°	25°~35°	35°~45°	>45°
极强度—极强度—极强度	3.58	9.8	31.01	23.92	23.87	7.57	0.24
强度—强度—强度	4.47	12.75	36.11	21.43	18.44	6.64	0.14
中度—中度—中度	5.67	9.61	36.60	24.41	17.19	6.29	0.24
轻度—轻度—轻度	3.75	12.49	36.38	21.87	17.89	7.18	0.43

5.1.2.3　石漠化土地演变未来情景预测

根据喀斯特石漠化土地的演变轨迹在不同地貌类型和坡度级的分布情况，在目前的石

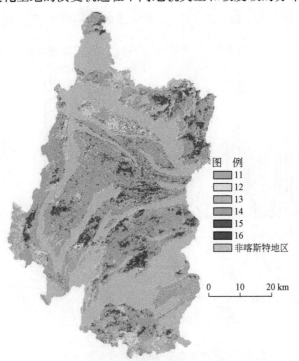

图 5.6　盘县石漠化未来空间格局预测图

漠化防治措施下，对未来石漠化空间分布格局进行预测。预测情景设定：①较低坡度级内的不变型、反复型、加重型石漠化土地将逐步得到治理，演变为无石漠化和潜在石漠化；②已经持续 30 余年未发生变化的石漠化土地仍将保持保持原石漠化状态。预测结果表明，集中连片的石漠化景观将从区域景观结构中下降，强度（15）、极强度（16）石漠化仅分布于气候寒冷的岩溶高中山山地、岩溶高中山峰丛谷地和地表水缺乏的大面积峰丛浅洼地区（图 5.6），这些自然条件较恶劣的区域，强度（15）以上石漠化主要由自然因素造成（李阳兵等，2007）。随着土地利用的规模和格局调整与优化，最终将导致强度、极强度石漠化景观逐渐向无石漠化景观转变。在粤北山区的研究也得到了类似的结论（李森等，2009）。

5.1.3　讨论

5.1.3.1　石漠化土地与土地石漠化

本研究通过多时相遥感影像数据，把盘县 1974 年、1999 年和 2007 年的石漠化演变轨迹分为 8 种，并归纳为不变型、逆转减弱型、反复型和加重型 4 种演变类型，比稳定型、前期变化型、后期变化型、反复变化型和持续变化型的划分（吴良林等，2009）含义更明确，可据此对研究区喀斯特土地类型做如下划分：①石漠化土地，即石漠化—石漠化—石漠化；②无石漠化土地，即无石漠化—无石漠化—无石漠化；③已恢复土地，即石漠化—石漠化—无石漠化、石漠化—无石漠化—无石漠化、无石漠化—石漠化—无石漠化；④潜在可恢复土地，即石漠化—无石漠化—石漠化。

基于上述分析，本研究提出要区分"土地石漠化"和"石漠化土地"两个概念。"土地石漠化"指的是无石漠化—无石漠化—石漠化、无石漠化—石漠化—石漠化这两种演变轨迹，是一种退化过程。"石漠化土地"强调的是已经发生石漠化且长期保持石漠化现状的土地。从恢复时间来看，必须是经过一定时间仍不能自然恢复的土地才是石漠化土地。

5.1.3.2　不同变化轨迹类型的治理

在确定石漠化土地的治理恢复模式和治理重点时，有必要考虑石漠化土地的演变轨迹差异性和成因的地域差异性，进行合理规划布局。石漠化 4 种演变类型的划分，有助于对石漠化进行有针对性的防治。

治理思路如下：对不变型进行封育，使其逐步逆转减弱；逆转减弱型要采取合理的预防措施，防止再反复或加重石漠化；重点治理反复型和加重型，防止这两种类型的扩张。

进一步研究石漠化土地演变轨迹和其形成原因,如弄清其在各坡度等级内的分布,有助于采取合理的防治措施。经典喀斯特地区地表覆盖的变化过程表明,人为形成的地表岩石裸露经过恢复和保护是可以治理的(Gams, 1993),而盘县石漠化变化轨迹中,逆转减弱型的比例大于加重型的比例,也初步体现了和经典喀斯特地区相类似的过程。

5.1.4 结论

本节通过1974年、1999年和2007年3个时段的石漠化演变轨迹研究,得到了以下结论。

1)1974~1999年研究区总面积变化并不明显;2007年石漠化面积明显减少。

2)1974年、1999年到2007年,研究区石漠化土地的强度可划分为无石漠化(11)、潜在石漠化(12)、轻度石漠化(13)、中度石漠化(14)、强度石漠化(15)、极强度石漠化(16)6种。

3)1974年、1999年到2007年,研究区石漠化土地和无石漠化土地的变化可分为8种演变轨迹,归纳为不变型、逆转减弱型、反复型和加重型4种演变类型。研究区2007年的退化土地中,1974~2007未发生过变化的面积占较高的比例。

4)根据变化轨迹和演变过程,研究区的喀斯特地区可分为石漠化土地、无石漠化土地、已恢复土地和潜在可恢复土地。对未来的石漠化空间分布格局预测表明,集中连片的石漠化景观将从区域景观结构中消失。

5.2 典型地貌单元石漠化演变轨迹——以后寨河地区为例

当前石漠化研究多以县或省作为研究单元,仍缺乏基于高精度影像的较长时间序列的石漠化演变研究(周梦维等,2007)。因此,本研究选择黔中高原典型地区作为案例,基于长时间序列的高精度影像和野外调查,来揭示石漠化的演变规律和驱动机制,旨在为客观认识石漠化,了解喀斯特石漠化的演变过程和成因,开展石漠化的综合治理提供一些帮助。

5.2.1 研究区概况

后寨河地区位于贵州省普定县,为长江流域和珠江流域的分水岭地区,包括马官镇、余官乡打油寨、陈旗堡、赵家田、下坝、白旗堡等行政村(图5.7),面积为62.7km²。研究区中部为峰丛洼地,四周为浅丘平坝环绕,是黔中高原的代表性组合地貌。其具体情况见李阳兵等(2010a)、罗光杰等(2010)的研究。研究区2015年土地利用格局如图5.8所示。

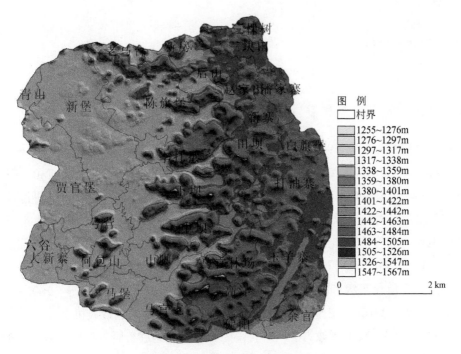

图 5.7　研究区地形与村界图

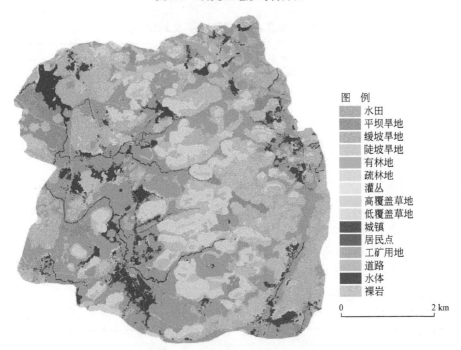

图 5.8　研究区 2015 年土地利用格局

5.2.2 研究方法

5.2.2.1 数据来源和石漠化的判断

本研究基础数据包括 1963 年和 1978 年航空像片（1m 分辨率）、2005 年 SPOT 影像（2.5m 分辨率）、2010 年 ALOS 影像（2.5m 分辨率）和 2015 年 Google Earth 高清影像（2.5m 分辨率）。先根据 1:1 万地形图对 2005 年 SPOT 影像进行精校正，再以校正后的 2005 年 SPOT 影像对航空像片、ALOS 影像进行配准以确保控制误差。岩石裸露率计算时以峰丛坡地作为评价单元，根据洼地四周峰丛坡面上的岩石裸露率和裸岩分布部位、土地利用类型和植被季节变化特征等建立石漠化景观和航空像片、SPOT 影像特征之间的联系，作为推断全区石漠化等级和空间分布特征的依据（表 5.5）（周梦维等，2007；李森等，2007；李阳兵等，2010b；王金华等，2007）。对四个时期影像进行人机交互解译，成图最小图斑面积以 2.5m SPOT 影像为准，对获得的石漠化数据进行野外抽样检查，4 期数据解译正确率均达到 90% 以上。研究区 5 个时期石漠化的空间分布如图 5.9 所示。

表 5.5 研究区不同等级石漠化划分标准

项目	无石漠化	潜在石漠化	轻度石漠化	中度石漠化	强度石漠化
岩石裸露率/%	<10	10~30	30~50	50~70	70~90
SPOT 影像特征	亮绿色，块状，边界规则，纹理清晰	深绿色，块状	绿色，零星点缀浸染状白色	浅绿色，带星状白色	浅绿色，带斑状白色
ALOS 影像	深红色，块状	浅红色	斑点状浅红色，点缀灰色	连片浅灰色	连片灰白色
航空像片特征	斑点状灰黑色（林地）；白色、灰白色，质地均一，条块清晰（耕地）	灰色，质地较均一	灰色，质地很不均一	浅灰色，零星点缀灰黑色	浅白色

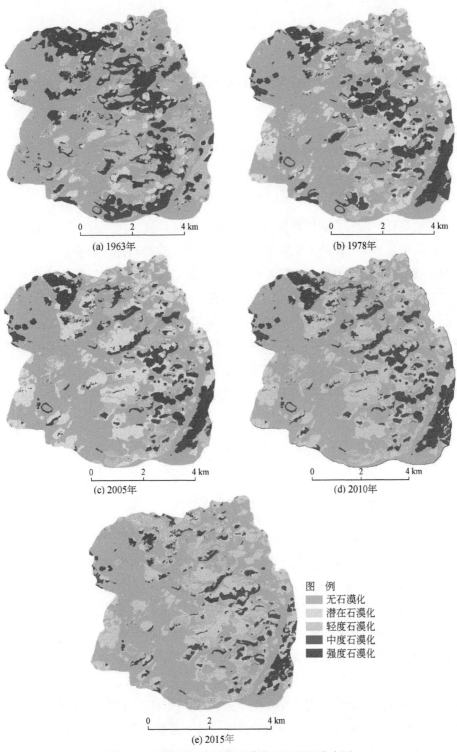

图 5.9　研究区 5 个时期石漠化土地空间分布图

5.2.2.2 指数计算

(1) 石漠化综合指数计算

建立基于面积权重和石漠化退化等级权重的石漠化综合指数（SDI），其计算公式见李阳兵等（2010c）的研究。

(2) 景观格局指数计算

景观格局指数计算具体参见 FRAGSTATS 4.2。

5.2.2.3 研究区石漠化演变轨迹

将不同时期石漠化矢量数据转换成 10m×10m 栅格数据，并通过图层代数运算方法得到研究区石漠化在不同时期的变化轨迹。研究区石漠化演变轨迹可以在空间上反映出石漠化斑块的连续演替过程。本研究把轻度石漠化、中度石漠化和强度石漠化统称为石漠化土地，并只探讨最有代表性的石漠化演变类型和演变轨迹，以简化运算（李阳兵等，2010d）。演变类型分 4 类：①不变型指在各个研究时期石漠化等级一直没有发生变化；②逆转减弱型指各个研究时期中，较后的时期石漠化等级有所降低，生态有所恢复；③反复型指各个研究时期石漠化等级反复发生变化，生态状况不断波动；④加重型指各个研究时期中，石漠化等级在较后的时期由潜在石漠化变为石漠化，生态有所退化。

5.2.3 结果分析

5.2.3.1 研究区石漠化数量与格局变化

从图 5.10 可以看出，1963 年、1978 年、2005 年和 2010 年研究区无石漠化面积和强度石漠化面积没有明显变化，变化集中在潜在石漠化、轻度石漠化和中度石漠化。潜在石漠化比例从 5.62% 上升到 20.70%，2015 年为 19.03%；轻度石漠化从 22.44% 下降到 1978 年的 17.28%，在 2005 年和 2010 年基本保持不变；中度石漠化从 15.66% 下降到 6.90%，在 2010 年增加到 7.98%。2010 年后，无石漠化面积增加，中度石漠化、强度石漠化面积下降，轻度石漠化面积增加。

1963～2010 年，研究区景观水平上聚集度略有下降，散布与并列指数上升，蔓延度指数下降，景观形状指数上升（表5.6）。4 个指标都一致反映了研究区石漠化景观斑块有变分散的趋势，结果与在普定县进行的相关研究一致（张盼盼等，2009）。2015 年，散布与并列指数明显上升；因石漠化斑块的退缩，研究区景观尺度上蔓延度指数明显上升；研究

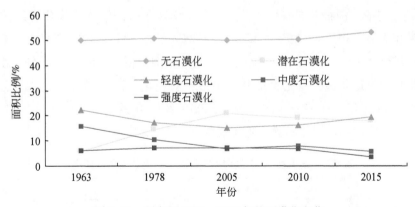

图 5.10　研究区 1963～2015 年的石漠化变化

区景观尺度上景观形状指数有明显下降，景观形状变简单，说明人为干扰变小。

　　研究区 1963 年、1978 年、2005 年、2010 年和 2015 年石漠化综合指数分别为 1.5042、1.3311、1.2176、1.2376 和 1.0179（图 5.11），说明研究区的石漠化土地生态总体上在恢复。

表 5.6　研究区石漠化景观格局指标计算结果

年份	聚集度/%	散布与并列指数/%	蔓延度指数/%	景观形状指数
1963	86.2323	86.3778	42.0267	19.6673
1978	85.9351	91.3217	40.1943	20.0994
2005	86.3414	90.2161	41.1967	19.5321
2010	85.9465	90.5344	40.5803	20.0795
2015	85.6020	96.7112	55.6288	18.3292

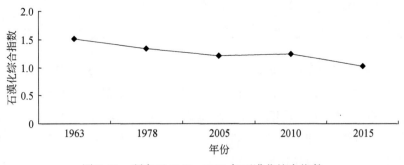

图 5.11　研究区 1963～2015 年石漠化综合指数

5.2.3.2　研究区石漠化演变轨迹

　　研究区 1963～2010 年石漠化演变过程轨迹有 14 种，又可分为不变型、逆转减弱型、反复型和加重型 4 种类型（表 5.7）。1963～2010 年，一直保持不变的石漠化等级面积占

2010 年石漠化对应等级面积的 43.76%，由石漠化转化来的潜在石漠化等级面积占 2010
年潜在石漠化等级面积的 47.26%，其中有 34.35% 是在 1963～1978 年间发生转化。潜在
石漠化和石漠化在 1963～2010 年发生反复转化的比例很低。1963～2010 年，由潜在石漠
化、无石漠化加重退化为石漠化的面积占 2010 年石漠化面积的 17.68%，这些退化也主要
发生在 1963～1978 年；在 1978～2005 年、2005～2010 年发生退化的比例分别为 1.07%、
0.04%。上述分析表明研究区石漠化近年仅局部有恶化的趋势。

表 5.7 研究区 1963～2010 年石漠化演变轨迹和演变类型

演变类型	演变轨迹				面积/km²	占 2010 年对应等级的比例/%
	1963 年	1978 年	2005 年	2010 年		
不变型	石漠化	石漠化	石漠化	石漠化	13.7753	43.76
	潜在石漠化	潜在石漠化	潜在石漠化	潜在石漠化	0.5990	5.02
逆转减弱型	石漠化	石漠化	石漠化	潜在石漠化	0.1599	1.34
	石漠化	石漠化	潜在石漠化	潜在石漠化	1.3807	11.57
	石漠化	潜在石漠化	潜在石漠化	潜在石漠化	4.1003	34.35
反复型	潜在石漠化	石漠化	潜在石漠化	潜在石漠化	0.1108	0.57
	石漠化	潜在石漠化	石漠化	潜在石漠化	0.0007	0.01
加重型	潜在石漠化	潜在石漠化	潜在石漠化	石漠化	0	0.00
	潜在石漠化	潜在石漠化	石漠化	石漠化	0.0429	0.22
	潜在石漠化	石漠化	石漠化	石漠化	1.3348	6.91
	无石漠化	潜在石漠化	石漠化	石漠化	0.0756	0.39
	无石漠化	无石漠化	无石漠化	石漠化	0.0086	0.04
	无石漠化	无石漠化	石漠化	石漠化	0.0894	0.46
	无石漠化	石漠化	石漠化	石漠化	1.8673	9.66

研究区石漠化主要分布在从西北至东南的峰丛浅洼地，1963～2010 年，这一地带的中
度石漠化变化较大，强度石漠化变化相对不明显。强度石漠化类型的空间变化方面
（图 5.12），1963～2010 年，研究区北部的强度石漠化面积连片减少，南部的强度石漠化
面积则零星减少；研究区强度石漠化面积的增加则集中在东南部的玉羊寨村、打油寨村和
北部的陈旗村、后山村和赵家田村。

接下来进一步分析 2010～2015 年的石漠化变化（图 5.13）。在此期间，轻度石漠化
以不变型为主，但其减少略多于增加；中度石漠化以减少为主，在研究区东南方向有局部
增加；强度石漠化则以减少为主。表明研究区生态建设起到了一定的效果。

石漠化轨迹变化比石漠化数量变化更能真实反映石漠化的演化特征。研究区每一种石
漠化变化轨迹和类型都反映了自然因素和人为因素的综合驱动作用，弄清石漠化变化轨迹

背后隐藏的驱动因素差别，对石漠化土地的治理是重要的。不变型石漠化等级面积占 2010 年石漠化面积的 43.76%，反映了发生石漠化，尤其是发生严重的石漠化后，石漠化土地的生态恢复是一个长期的过程，因此，应尽可能减少持续的人为干扰并采取一定的人工措施，促使石漠化土地逆转减弱。

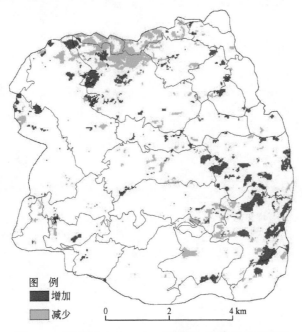

图 5.12　研究区 1963~2010 年强度石漠化的空间变化

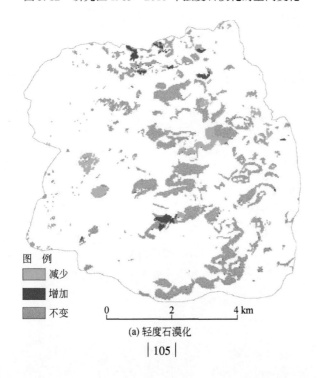

(a) 轻度石漠化

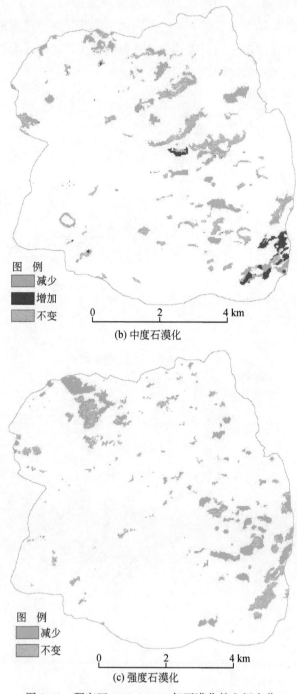

图 5.13　研究区 2010～2015 年石漠化的空间变化

5.2.4 讨论与结论

1）本节以贵州省普定县后寨河地区为例，基于长时间序列的高精度影像，研究了喀斯特石漠化的演变过程和成因。研究发现，后寨河地区的石漠化土地生态总体上在恢复，但 1963～2010 年，一直保持不变的石漠化等级面积占 2010 年石漠化面积的 43.76%，其中，15°～25°、>25°坡度对应的强度石漠化比例在 1963～2010 年基本保持不变。

2）石漠化的发生和分布与地貌有关，在黔中高原的广大乡村地区，除了万亩以上的大坝以外，普遍的地貌是如研究区这样的峰丛浅洼地、峰丛谷地与盆地的组合地貌，研究区作为贵州岩溶高原面的一个典型代表，其石漠化演变与驱动机制能反映贵州总体的石漠化变化的一般情况。当然，由于社会、经济、区位和人口的空间差异性，黔中高原石漠化的演变规律及其驱动机制可能还存在其他一些情况，需要进一步研究。

5.3 喀斯特山区石漠化成因的差异性定量研究

喀斯特石漠化治理的前提是开展土地石漠化成因机制的研究，只有得到喀斯特石漠化成因理论的有力支撑，才能有效地避免大规模生态重建的盲目性，并降低其风险性。鉴于此，本节以贵州省盘县典型石漠化地区为例，探讨不同土地利用类型的石漠化发生率，并在此基础上进行石漠化的土地利用成因差异性分析。

5.3.1 研究区概况

贵州省盘县地处珠江上游南北盘江发源地、云南高原向黔中高原过渡的斜坡部位、广西丘陵与黔西北高原之间的过渡地带，生态地位十分重要，盘县岩溶面积为 2635.98km²，是贵州喀斯特面积、石漠化面积较大，程度最严重的几个县域之一，属于贵州省"十三五"生态环境建设规划划定的 42 个石漠化重点治理县范围。选取地质地貌、石漠化分布、社会经济状况在盘县有代表性的以红果镇、保基苗族彝族乡和珠东乡三个乡镇为主的区域（图 5.14），进行石漠化成因的地域差异性研究，其中，红果镇位于盘县的西南部，珠东乡位于盘县的东南部，保基苗族彝族乡位于盘县的东北部。

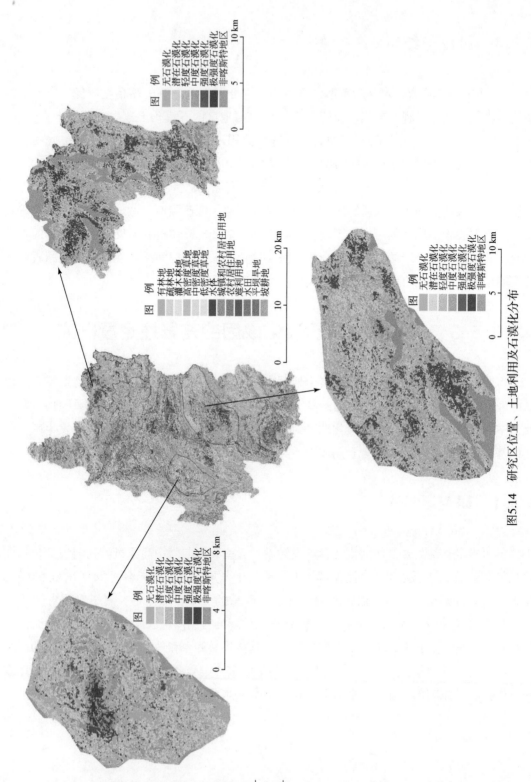

图5.14　研究区位置、土地利用及石漠化分布

5.3.2　研究方法

研究区喀斯特石漠化数据主要来源于 2004 年 ASTER 影像解译数据，石漠化解译标准主要根据大小为 0.2km×0.2km 的图斑中岩石裸露率、植被+土被覆盖率（表 5.8），并结合研究区土地利用现状图、行政区划图、水文地质图、地形图、植被图、土壤图及实地调查和社会经济相关资料，多图层叠加分析生成 1：50 000 喀斯特石漠化图（图 5.14）。本研究所指的喀斯特石漠化不包括非碳酸盐岩区的岩石裸露。

表 5.8　喀斯特石漠化强度分级标准表

强度等级		0.2km×0.2km 的图斑中岩石裸露率/%	0.2km×0.2km 的图斑中植被+土被覆盖率/%	参考指标
无石漠化		<20	>80	坡度≤25°的非梯土化旱坡地，农业人口密度一般≤150 人/km²，林灌草植被浓密，水土流失不明显；宜作农林牧地
潜在石漠化		20~30	80~70	坡度>25°的非梯土化旱坡地，农业人口密度一般>150 人/km²；林灌草植被稀疏，水土流失明显；宜作林牧地
石漠化	轻度石漠化	31~50	69~50	
	中度石漠化	51~70	49~30	
	强度石漠化	71~90	29~10	
	极强度石漠化	>90	<10	

编制的盘县 1：50 000 石漠化图中图斑数为 58 876 个，平均图斑面积为 0.07km²，最小图斑满足大小为 0.2km×0.2km 的最小图斑精度要求。利用 GPS 按点、路径要素记录考察的整个路径，用数码相机拍摄下典型样点的石漠化景观并确定等级，进行照片编号，在打印的遥感影像上勾画出石漠化图斑，并填写记录表。采用 MAPSOURC 软件，将点、路径下载，以 DXF 文件转出，在 ArcInfo 中利用 Coversion 将 DXF 文件转为 ARC 文件，实现 GPS 数据与遥感影像叠加。野外抽样验证的图斑数为 287 个，吻合程度达 90.24%。

5.3.3　结果分析

5.3.3.1　研究区的石漠化分布情况

红果镇、珠东乡、保基苗族彝族乡三个研究区的石漠化类型比例如图 5.15 所示。珠东乡研究区石漠化面积占研究区土地总面积的44.05%。其中，轻度石漠化占石漠化总面积的36.52%，中度石漠化占石漠化总面积的29.91%，强度石漠化占石漠化总面积的19.06%，极强度石漠化占石漠化总面积的14.51%。

红果镇研究区石漠化面积占研究区土地总面积的45.46%。其中，轻度石漠化占石漠化总面积的29.70%，中度石漠化占石漠化总面积的51.32%，强度石漠化占石漠化总面积的16.18%，极强度石漠化占石漠化总面积的2.80%。

保基苗族彝族乡研究区石漠化面积占研究区土地总面积的48.94%。其中，轻度石漠化占石漠化总面积的36.37%，中度石漠化占石漠化总面积的26.50%，强度石漠化占石漠化总面积的32.24%，极强度石漠化占石漠化总面积的4.89%。

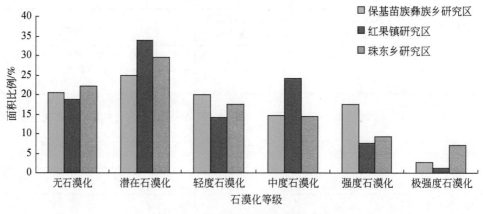

图5.15　研究区的石漠化面积比例

5.3.3.2　不同土地利用类型的石漠化分布

表5.9反映了珠东乡研究区不同土地利用类型的石漠化发生情况。喀斯特分布区有林地有1.12%发生轻度石漠化；疏林地有6.93%发生轻度石漠化，大部分处于潜在石漠化状态；灌木林地绝大部分处于轻度石漠化状态，且有0.82%发生强度石漠化；草地存在进一步发生石漠化的可能，如中密度草地分别有68.22%、16.09%、9.39%发生中度石漠化、强度石漠化和极强度石漠化；珠东研究区的难利用地绝大部分处于强度石漠化和极强度石漠化状态；坡耕地有11.89%发生轻度石漠化。

表5.9　珠东乡研究区不同土地利用类型石漠化情况　　　　　　（单位:%）

土地利用类型	无石漠化	潜在石漠化	轻度石漠化	中度石漠化	强度石漠化	极强度石漠化	非喀斯特地区
有林地	86.47	0.27	1.12	0.07	0.11	0.02	11.94
疏林地	0.34	76.68	6.93	1.79	0.16	0.04	14.06
灌木林地	0.28	0.37	92.24	1.17	0.82	0.08	5.04

土地利用类型	无石漠化	潜在石漠化	轻度石漠化	中度石漠化	强度石漠化	极强度石漠化	非喀斯特地区
高密度草地	0.11	63.62	23.15	4.13	5.48	0.02	3.49
中密度草地	0.15	0.25	0.70	68.22	16.09	9.39	5.20
难利用地	0.23	0.19	0.16	0.06	50.62	45.83	2.91
平坝旱地	84.16	0.33	0.46	0.10	0.18	0.02	14.75
坡耕地	0.16	78.63	11.89	0.46	0.16	0.05	8.65

表 5.10 反映了红果镇研究区不同土地利用类型的石漠化发生情况。喀斯特分布区有林地绝大部分未发生石漠化；疏林地有 1.12% 发生中度石漠化，大部分处于潜在石漠化状态；灌木林地绝大部分处于轻度石漠化状态，且有 0.20% 发生中度石漠化；草地石漠化较严重，且存在进一步石漠化的可能，如高密度草地有 20.46% 发生中度石漠化，中密度草地分别有 85.57%、8.89%、2.91% 发生中度石漠化、强度石漠化和极强度石漠化；难利用地绝大部分处于强度石漠化状态和极强度石漠化状态；坡耕地有 5.19% 发生中度石漠化。

表 5.10 红果镇研究区不同土地利用类型石漠化情况　　（单位:%）

土地利用类型	无石漠化	潜在石漠化	轻度石漠化	中度石漠化	强度石漠化	极强度石漠化	非喀斯特地区
有林地	92.15	0.12	0.04	0.02	0.01	—	7.66
疏林地	0.27	93.87	0.17	1.12	0.03	0.00	4.54
灌木林地	0.21	0.48	94.51	0.20	0.02	0.00	4.58
高密度草地	0.18	70.09	0.07	20.46	2.26	4.49	2.45
中密度草地	0.12	0.29	0.05	85.57	8.89	2.91	2.17
稀疏草坡	—	—	—	—	—	—	—
难利用地	0.32	0.29	0.10	0.27	92.43	4.26	2.33
平坝旱地	96.09	0.31	0.12	0.13	0.02	—	3.33
坡耕地	0.18	90.75	0.08	5.19	0.07	0.18	3.55

表 5.11 反映了保基苗族彝族乡研究区不同土地利用类型的石漠化发生情况。喀斯特分布区有林地有 0.16% 发生轻度石漠化，0.14% 发生强度石漠化；疏林地有 5.88% 发生轻度石漠化，大部分处于潜在石漠化状态；灌木林地大部分处于轻度石漠化状态，且有 5.74% 发生中度石漠化；草地存在进一步石漠化的可能，如高密度草地有 31.68% 发生轻度石漠化，中密度草地分别有 71.50%、20.99%、0.12% 发生中度石漠化、强度石漠化和极强度石漠化；难利用地绝大部分处于强度石漠化状态和极强度石漠化状态；坡耕地有 2.79% 发生轻度石漠化，大部分处于潜在石漠化状态。

表 5.11　保基苗族彝族乡研究区不同土地利用类型石漠化情况　　（单位:%）

土地利用类型	无石漠化	潜在石漠化	轻度石漠化	中度石漠化	强度石漠化	极强度石漠化	非喀斯特地区
有林地	90.42	0.12	0.16	0.03	0.14	—	9.13
疏林地	0.26	78.22	5.88	0.31	0.10	0.01	15.22
灌木林地	0.10	0.26	81.65	5.74	0.17	0.03	12.05
高密度草地	0.01	64.56	31.68	0.21	0.15	0.07	3.32
中密度草地	0.12	0.27	0.68	71.50	20.99	0.12	6.32
稀疏草坡	0.01	0.03	0.14	0.03	60.28	—	39.51
难利用地	0.17	0.20	0.24	0.57	74.91	14.85	9.06
平坝旱地	88.69	0.41	0.26	0.29	0.03	0.00	10.32
坡耕地	0.20	80.77	2.79	0.19	0.12	0.02	15.91

5.3.3.3　不同等级石漠化土地的土地利用分布规律

在珠东乡研究区石漠化土地中，有林地、疏林地、灌木林地、高密度草地、中密度草地、难利用地、平坝旱地、坡耕地中的石漠化面积分别占石漠化总面积的 0.37%、3.38%、28.30%、1.69%、39.35%、22.22%、0.19%、4.50%。不同等级石漠化土地中，轻度石漠化以灌木林地所占的比例最高，坡耕地占 11.67%；中度石漠化以中密度草地所占比例最高；强度石漠化和极强度石漠化中，以难利用地所占比例最高，其次是中密度草地（图 5.16）。

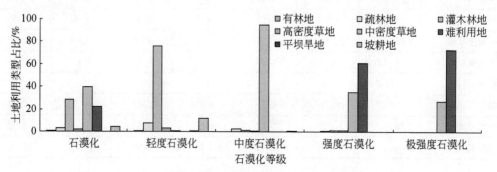

图 5.16　珠东乡研究区不同等级石漠化中的土地利用类型分布

在红果镇研究区石漠化土地中，有林地、疏林地、灌木林地、高覆盖度草地、中覆盖度草地、难利用地、平坝旱地、坡耕地中的石漠化面积分别占石漠化总面积的 0.01%、0.41%、29.64%、4.14%、52.25%、11.57%、0.05%、1.93%。不同等级石漠化土地中，轻度石漠化以灌木林地所占的比例最高，为 99.45%；中度石漠化中，中密度草地占 89.49%，高密度草地占 6.06%，坡耕地占 3.53%；强度石漠化中，难利用地占 68.11%，中密度草地占 29.46%；极强度石漠化中，中密度草地、高密度草地和难利用地所占比例较高，坡耕地所占比例为2.29%（图5.17）。

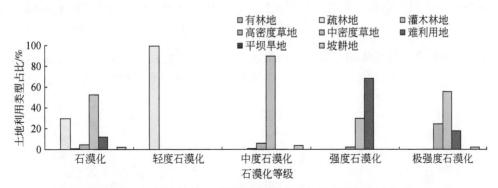

图5.17　红果镇研究区不同等级石漠化中的土地利用类型分布

在保基苗族彝族乡研究区石漠化土地中，有林地、疏林地、灌木林地、高密度草地、中密度草地、低覆盖草地、难利用地、平坝旱地、坡耕地的石漠化面积分别占石漠化总面积的0.11%、2.08%、33.53%、2.33%、31.23%、0.68%、29.45%、0.04%、0.55%。不同等级石漠化土地中，轻度石漠化以灌木林地所占的比例最高，有6.33%、5.34%分布于高密度草地、疏林地中，坡耕地占1.36%；中度石漠化以中密度草地所占比例最高，有8.30%分布于灌木林地中；强度石漠化中，有75.59%分布于难利用地中，21.80%分布于中密度草地中；极强度石漠化绝大部分分布于难利用地中，所占比例为98.69%（图5.18）。

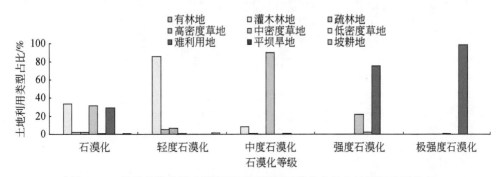

图5.18　保基苗族彝族乡研究区不同等级石漠化中的土地利用类型分布

5.3.3.4　研究区石漠化成因的差异分析

珠东乡研究区绝大部分地方海拔1600m，属典型的喀斯特峰丛洼地、脊状高中山地貌区。珠东乡研究区人口密度大于200人/km²。耕地资源不足，能源短缺，社会经济落后。珠东乡研究区的轻度石漠化主要分布于灌木林地和坡耕地，中度石漠化主要分布于中密度草地，说明该研究区的轻中度石漠化主要由人为因素引起，有林地经砍伐退化为灌丛草地，进一步砍伐退化为荒草坡；坡耕地经水土流失发生石漠化。该研究区的强度石漠化和极强度石漠化主要分布于难利用地，其次是中密度草地，说明强度石漠化和极强度石漠化则更可能由人为因素和恶劣的自然条件共同造成，且自然因素所占的比例更大一些。

红果镇研究区岩石主要为三叠系碳酸盐岩，地貌为溶丘洼地，地势较平坦，平均海拔1800m。该研究区主体红果镇是盘县新城的所在地，人口密度290.74人/km²，人均耕地面积为0.40亩①。人多地少问题严重，陡坡开垦严重，坡耕地发生中度石漠化甚至极强度石漠

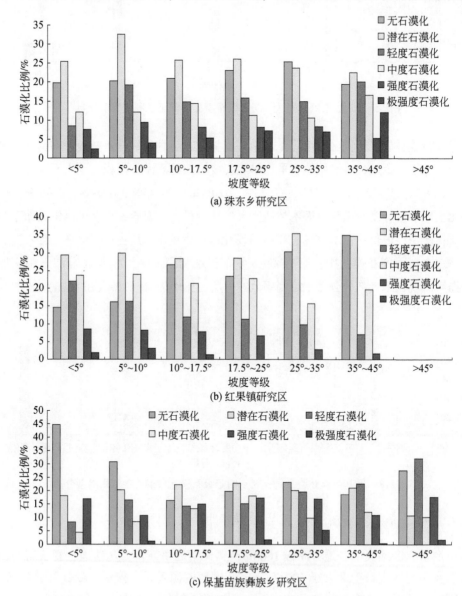

图 5.19　3 个研究区不同坡度等级中的石漠化分布比例

---

① 1 亩≈666.67m²。

化。该研究区的自然条件好于其他两个研究区，石漠化尤其是强度石漠化主要是土地利用强度过高造成的，不同强度石漠化在各坡度等级中的分布比例能明显说明这一点（图 5.19）。

保基苗族彝族乡研究区在地貌类型上属于高中山峡谷区，且有较大面积的岩溶峰丛谷地和峰丛浅洼地，地表水相当缺乏。海拔最高为 2265m，最低为 740m，相差 1525m，山高谷深，坡陡谷窄，土地利用难度较大，人口密度较低，仅为 96 人/km²，坡耕地仅有很少发生轻度石漠化。但难利用土地比例大，由于恶劣的自然条件，发生石漠化的比例高于其他土地利用类型，且主要发生强度石漠化和极强度石漠化。因此，可以认为，保基苗族彝族乡研究区的轻度石漠化、中度石漠化主要由人为因素引起，强度石漠化和极强度石漠化则由自然因素造成。

5.3.4　结论与讨论

对喀斯特石漠化土地的研究，当前的研究强调自然背景的较多，如将喀斯特石漠化分为 2 种类型，即石灰岩显性石漠化和白云岩隐性石漠化（王德炉等，2005）。李瑞玲等（2003）的研究结果表明，岩性基底与石漠化等级有很大关系。万国江和白占国（1998）认为碳酸盐岩区域石山荒漠化的成因特点是：碳酸盐岩提供的地质背景；特定地貌类型及其空间组合的控制格局；季节性的降水冲刷作用及人为的陡坡垦殖。张殿发等（2001）认为，如果忽视了地球的内动力作用机制，而过分强调人类不合理活动，可能造成对石漠化成因研究及综合治理的误导。以上的研究，主要是把石漠化当成一种自然过程，强调脆弱的生态地质背景与土地石漠化两者间有某些必然的联系。

尽管石漠化的形成有其深刻的自然背景，但事实上，中国西南喀斯特地区石漠化是在脆弱的生态地质背景基础上叠加了人类活动而出现的，是人为因素作用于自然的结果，其主导因素无疑是人类活动。石漠化土地发生扩展的本质原因是未能在沉重的人口压力和脆弱生态环境之间找到一种恰当的土地利用方式，其实质就是过伐、过垦、过牧，岩溶生态系统退化还是恢复的决定因素是砍伐压力和土地利用方式。因此，我们所指的石漠化，特指人为加速石漠化（李阳兵等，2004），属于人为荒漠化的一种类型（田亚平等，2001）。本研究的研究结果也证明了这一点，如红果研究区的自然条件优于其他两个区，但人多地少，土地利用强度高，坡耕地发生中度石漠化甚至极强度石漠化，并且极强度石漠化也主要分布于草坡。

研究区不同土地利用类型中的石漠化分布、不同等级石漠化土地中的土地利用分布差异明显，其原因固然是各土地利用类型土壤侵蚀发生率差别显著（吴秀芹等，2005；万军等，2004），但更可能是不同土地利用类型的石漠化土地的水土条件欠佳、繁殖体缺乏等导致植被自然恢复潜力差异明显（喻理飞等，2002）。

不同土地利用类型中不同的石漠化发生规律和石漠化成因的地域差异性表明，目前单一地把石漠化划分为轻度石漠化、中度石漠化、强度石漠化等，在相当程度上忽视了石漠化土地的成因类型和不同成因类型的石漠化土地的生态功能的差异性，并不利于石漠化的深层次防治工作，也是目前西南喀斯特地区某些地方石漠化防治工作效果较差的主要原因之一。喀斯特石漠化土地的成因类型与恢复治理模式密切相关（王世杰和李阳兵，2005），在确定石漠化土地的治理恢复模式和治理重点时，有必要考虑石漠化土地的土地利用成因和成因的地域差异性，进行合理规划布局。

根据土地利用划分，喀斯特地区的难利用地指裸岩石砾地，主要分布于地形较陡部位，本研究认为这主要是由自然因素造成的；但在喀斯特地区，也有部分裸岩石砾地分布于地形较缓部位（李阳兵等，2005）。本研究主要强调了石漠化和土地利用的关系，而对上述情况并没有加以区分，这是本研究的不足之处，有待于进一步完善。

5.4 本章小结

本章以盘县及其部分区域和后寨河为例，探讨了县域尺度和典型地貌单元的石漠化演变轨迹，并在此基础上进行了石漠化成因的差异性定量研究。研究石漠化土地演变轨迹和其形成原因，有助于采取合理的防治措施。

参 考 文 献

白晓永，王世杰，陈起伟，等.2009.贵州土地石漠化类型时空演变过程及其评价［J］.地理学报，64（5）：609-618.

李瑞玲，王世杰，周德全，等.2003.贵州岩溶地区岩性与土地石漠化的相关分析［J］.地理学报，58（2）：314-320.

李森，董玉祥，王金华.2007.土地石漠化概念与分级问题再探讨［J］.中国岩溶，26（4）：279-284.

李森，王金华，王兮之，等.2009.30年来粤北山区土地石漠化演变过程及其驱动力［J］.自然资源学报，24（5）：816-826.

李阳兵，王世杰，容丽.2004.关于喀斯特石漠和石漠化概念的讨论［J］.中国沙漠，24（6）：689-695.

李阳兵，王世杰，容丽.2005.不同石漠化程度岩溶峰丛洼地系统景观格局的比较［J］.地理研究，24（3）：371-378.

李阳兵，邵景安，周国富，等.2007.喀斯特山区石漠化成因的差异性定量研究——以贵州省盘县典型石漠化地区为例［J］.地理科学，27（6）：785-790.

李阳兵，王世杰，程安云，等.2010a.岩溶地区土地利用和土地覆被与石漠化的相关性——以后寨河地区为例［J］.中国水土保持科学，8（1）：17-21.

李阳兵，李卫海，王世杰，等．2010b. 石漠化斑块行为特征与分类评价 [J]．地理科学进展，29（3）：335-341.

李阳兵，王世杰，程安云，等．2010c. 基于网格单元的喀斯特石漠化评价研究 [J]．地理科学，30（1）：98-102.

李阳兵，王世杰，罗光杰，等．2010d. 喀斯特石漠化演变轨迹的案例——以贵州盘县为例 [J]．中国地质灾害学报，21（3）：118-124.

罗光杰，李阳兵，王世杰，等．2010. 岩溶山区聚落分布格局与演变分析——以普定县后寨河地区为例 [J]．长江流域资源与环境，19（7）：802-807.

田亚平．彭补拙，谢庭生．2001. 一种荒漠化土地分类的新尝试 [J]．第四纪研究，21（3）：279.

万国江，白占国．1998. 论碳酸盐岩侵蚀与环境变化——以黔中地区为例 [J]．第四纪研究，3：279.

万军，蔡运龙，张惠远，等．2004. 贵州关岭县土地/土地覆被变化及其土壤侵蚀效应研究 [J]．地理科学，24（5）：573-579.

王德炉，朱守谦，黄宝龙．2005. 喀斯特石漠化的形成过程及阶段划分 [J]．南京林业大学学报（自然科学版），29（3）：103-106.

王金华，李森，李辉霞，等．2007. 石漠化土地分级指征及其遥感影像特征分析——以粤北岩溶山区为例 [J]．中国沙漠，27（5）：765-770.

王世杰，李阳兵．2005. 生态建设中的喀斯特石漠化分级问题 [J]．中国岩溶，24（3）：192-195.

吴良林，卢远，周兴，等．2009. 桂西北土地石漠化时空格局演化 GIS 分析 [J]．地球与环境，37（3）：280-286.

吴秀芹，蔡运龙，蒙吉军．2005. 喀斯特山区土壤侵蚀与土地利用关系研究——以贵州省关岭县石板桥流域为例 [J]水土保持研究，12（4）：46-48，77.

严宁珍，李阳兵．2008. 石漠化景观格局分布特征及其影响因素分析——以贵州省盘县为例 [J]．中国岩溶，27（3）：255-260.

杨青青，王克林，岳跃民．2009. 桂西北石漠化空间分布及其尺度差异 [J]．生态学报，29（7）：3629-3640.

喻理飞，朱守谦，叶镜中．2002. 人为干扰与喀斯特森林群落退化及评价研究 [J]．应用生态学报，13（5）：529-532.

袁道先．2008. 岩溶石漠化问题的全球视野和我国的治理对策与经验 [J]．草业科学，25（9）：19-25.

张殿发，王世杰，周德全，等．2001. 贵州喀斯特地区石漠化的内动力机制 [J]．水土保持通报，21（4）：1-5.

张盼盼，胡远满，李秀珍，等．2009. 基于 GIS 的喀斯特高原山区石漠化景观格局变化分析 [J]．农业工程学报，25（12）：306-311.

张素红，李森，王金华．2008. 近 30 年来粤北岩溶山区石漠化土地景观动态分析 [J]．林业科学研究，21（6）：761-767.

张笑楠，王克林，陈洪松，等．2008. 桂西北喀斯特区域景观结构特征与石漠化的关系 [J]．应用生态学报, 19 (11): 2467-2472.

周梦维, 王世杰, 李阳兵. 2007. 喀斯特石漠化小流域景观的空间因子分析——以贵州清镇王家寨小流域为例 [J]. 地理研究, 26 (5): 897-905.

Gams I. 1993. Origin of the term "Karst", and the transformation of the Classical Karst (Kras) [J]. Environmental Geology, 21: 110-114.

Huang Q H, Cai Y L. 2007. Spatial pattern of Karst rock desertification in the Middle of Guizhou Province, Southwestern China [J]. Environmental Geology, 52: 1325-1330.

Huang Q H, Cai Y L. 2009. Mapping Karst rock in China [J]. Mountain Research and Development, 29 (1): 14-20.

Nagendrai H, Southworth J, Tucker C. 2003. Accessibility as a determinant of landscape transformation in western Honduras: Linking pattern and process [J]. Landscape Ecology, (18): 141-158.

Ruiz J, Domon G. 2009. Analysis of landscape pattern change trajectories within areas of intensive agricultural use: case study in a watershed of southern Québec, Canada [J]. Landscape Ecology, 24: 419-432.

Vågen T G. 2006. Remote sensing of complex land use change trajectories—a case study from the highlands of Madagascar [J]. Agriculture, Ecosystems and Environment, 115: 219-228.

Wang S J, Li R L, Sun C X. 2004. How types of carbonate rock assemblages constrain the distribution of Karst rock desertified land in Guizhou Province, PR China: Phenomena and mechanism [J]. Land Degradation & Development, 15: 123-131.

Xiong Y J, Qiu G Y, Mo D K, et al. 2009. Rocky desertification and its causes in Karst areas: A case study in Yongshun County, Hunan Province, China [J]. Environmental Geology, 59 (7): 1481-1488.

第6章 石漠化和土地利用的耦合关系及其演变

人类活动导致的岩溶景观退化提出了恢复挑战和研究石灰岩生态系统稳定性和抵抗力的机会（Gillieson et al.，1996），在国际上也受到较多重视（Sauro，1993；Day and Sean，2004）。中国西南喀斯特山区的石漠化问题已成为制约和束缚该地区社会经济可持续发展的核心问题之一，是构成中国西南地区人口贫穷落后的主要根源之一，严重威胁人们的生存环境。现在已明确认识到石漠化是岩溶山区脆弱生态系统与人类不合理经济活动相互作用而造成的土地退化过程（Yuan，1997；Wang et al.，2004），土地石漠化以强烈的人类活动为驱动力。在宏观上石漠化与岩性具有明显的相关性，强度石漠化主要分布在纯质碳酸盐岩地区（李瑞玲等，2003），并可用植被覆盖率、土壤侵蚀面积百分比、≥25°坡耕地面积百分比等指标评价贵州省的石漠化危险度（Huang and Cai，2006）。岩溶小区域内不同土地利用方式下土壤质量、有机质、全氮、全钾、全磷、速效氮、速效磷存在显著差异（李阳兵等，2003），毁林开荒导致土壤水稳性团聚体数量减少，从而亦导致土壤轻组和颗粒有机碳的加速分解而大量丧失（李阳兵等，2005），土壤微生物功能多样性降低（龙健等，2005），土地利用方式的变化是对岩溶次生植被及其种子库的主要威胁（Akinola et al.，1998）。

但目前对土地利用方式和植被类型与岩溶石漠化的相关性仍缺乏定量的研究，缺乏对土地利用与石漠化之间的综合及其深度研究，难以为石漠化治理工作提供有效的参考意见（冉晨等，2018），因此无法模拟生态安全条件下的土地利用空间格局，也难以提出生态安全条件下的土地利用类型。目前的工作中往往忽视了不同土地利用类型和植被类型所形成的石漠化土地的生态功能的差异性，有可能使石漠化治理的工程布局出现失误，直接影响石漠化治理的工作进度和整体效果。鉴于此，本章将以贵州省盘县典型石漠化地区为例，探讨不同土地利用类型的石漠化发生率，并在此基础上进行石漠化的土地利用成因分类。

6.1　研究区概况和研究方法

6.1.1　研究区概况

贵州省盘县地处珠江上游南北盘江发源地，岩溶面积为 2635.98km²，是贵州岩溶面积、石漠化面积较大，程度最严重的几个县域之一（熊康宁等，2002）。研究区位于盘县的中南部（图 6.1），包括民主乡、珠东乡、马场镇等乡镇的大部分，英武镇、板桥镇、水塘镇、大山乡、老厂等乡镇的小部分，土地总面积为 401.69km²，以碳酸盐岩分布为主，非碳酸盐岩占 12.4%。研究区海拔介于 1600～2300m，大部分地方海拔为 1600m，属典型的岩溶峰丛洼地、脊状高中山地貌区，土壤以黄壤、山地黄棕壤为主。该区年降水量为 1400～1500mm，年平均气温为 13～14℃，≥10℃的积温达 4000℃，属温和一年两熟连作区，人口密度大于 200 人/km²。该区地表水短缺，耕地资源严重不足，缺乏煤炭资源，社会经济落后，属盘县贫困地区之一。

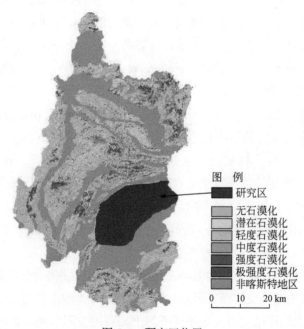

图例

- 研究区
- 无石漠化
- 潜在石漠化
- 轻度石漠化
- 中度石漠化
- 强度石漠化
- 极强度石漠化
- 非喀斯特地区

0　　10　　20 km

图 6.1　研究区位置

6.1.2　研究方法

　　研究区喀斯特石漠化数据主要来源于 2004 年 ASTER 影像（15m 分辨率）解译数据和 2017 年的高清影像数据（4m 分辨率），石漠化解译标准主要根据大小为 0.2km×0.2km 的图斑中岩石裸露率、植被+土被覆盖率，并结合研究区土地利用现状图、行政区划图、水文地质图、地形图、植被图、土壤图及实地调查和社会经济相关资料，多图层叠加分析生成 1:50 000 喀斯特石漠化图（图 6.2）。本研究所指的喀斯特石漠化不包括非碳酸盐岩区的岩石裸露。

编制的盘县 2004 年的 1 ∶ 50 000 石漠化图图斑数为 58 876 个，平均图斑面积为 0.07km²，最小图斑满足大小为 0.2km×0.2km 的最小图斑精度要求。利用 GPS 按点、路径要素记录考察的整个路径，用数码相机拍摄下典型样点的石漠化景观并确定等级，进行照片编号，在打印的遥感影像上勾画出石漠化图斑，并填写记录表。采用 MAPSOURC 软件，将点、路径下载，以 DXF 文件转出，在 ArcInfo 中利用 Coversion 将 DXF 文件转为 ARC 文件，实现 GPS 数据与遥感影像叠加。野外抽样验证的图斑数为 287 个，吻合程度达 90.24%。

研究共划分了 12 种土地利用类型（图 6.3）：水田（111）、平坝旱地（121）、坡耕地（122）、有林地（21）、疏林地（22）、灌木林地（23）、高密度草地（覆盖度>50% 的天然草地和改良草地，31）、中密度草地（32）、水体（42）、城镇和农村居住用地（51）、工矿和交通用地（52）、难利用地（66）。岩石类型组合的划分参考李瑞玲等（2003）的研究，研究区岩性空间如图 6.4 所示。

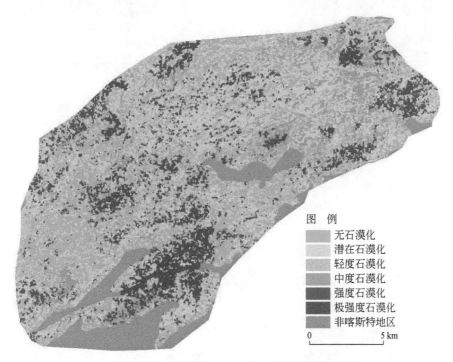

图例
无石漠化
潜在石漠化
轻度石漠化
中度石漠化
强度石漠化
极强度石漠化
非喀斯特地区
0　　　　5 km

图 6.2　研究区 2004 年石漠化现状分布图

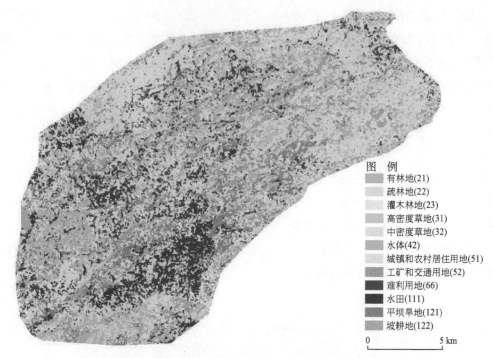

图 6.3　研究区 2004 年土地利用现状图

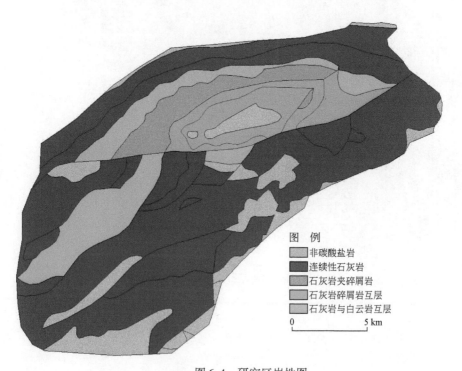

图 6.4　研究区岩性图

6.2 结 果 分 析

6.2.1 不同岩性区的土地利用分布规律

研究区不同岩石类型区中的土地利用分布见表6.1。碎屑岩中的林地（有林地、疏林地、灌木林地）比例高于碳酸盐岩中的分布，而难利用地的比例则小于碳酸盐岩。在岩溶区，水田、平坝旱地一般分布于峰丛浅洼地的底部，以连续性石灰岩、石灰岩与白云岩互层区的比例较高；坡耕地以石灰岩与碎屑岩互层区的比例最高；连续性石灰岩中的林地比例最低，中密度草地比例最高；难利用地的岩石裸露的石旮旯地在连续性石灰岩、石灰岩夹碎屑岩、石灰岩与白云岩互层区的比例很高。不同岩石类型中土地利用分布的差异与各类岩石形成的地貌形态和土被连续程度有关。

表 6.1　研究区不同岩性土地利用类型　　　　　　（单位:%）

岩性	岩性比例	水田	平坝旱地	坡耕地	有林地	疏林地	灌木林地	高密度草地	中密度草地	水体	城镇用地	农村居住用地	难利用地
连续性石灰岩	60.10	2.65	10.91	13.30	9.53	13.32	14.55	2.74	21.14		0.14	0.05	11.66
石灰岩夹碎屑岩	5.36	1.19	4.27	20.57	14.82	16.12	18.25	2.20	11.18			0.46	10.94
石灰岩与碎屑岩互层	9.32	1.00	3.29	32.46	12.50	10.36	14.79	2.24	16.91				6.45
石灰岩与白云岩互层	12.92	4.52	13.80	9.11	17.32	14.70	15.97	0.93	13.31		0.31	0.12	9.90
碎屑岩	12.40	2.69	16.37	16.56	16.36	8.83	24.55	0.90	9.89	0.05	0.13	0.04	3.65

6.2.2 各类土地利用类型的石漠化发生情况

表6.2反映了研究区连续性石灰岩分布区不同土地利用类型的石漠化发生情况。有林地中发生石漠化的比例很低，疏林地部分发生轻度石漠化和中度石漠化，大部分处于潜在石漠化状态，灌木林地绝大部分处于轻度石漠化状态，且存在中度石漠化和强度石漠化；高密度草地以潜在石漠化和轻度石漠化为主，中密度草地以中度以上石漠化为主；难利用地绝大部分处于强度石漠化和极强度石漠化状态；坡耕地以潜在石漠化为主，有19.41%发生轻度石漠化。

　　为了比较对岩性对土地石漠化的影响，对各岩石类型中不同土地利用类型的石漠化发生情况做进一步分析。比较表6.2~表6.5可以看出，有林地中发生轻度石漠化、强度石漠化的比例以连续性石灰岩最高；疏林地、草地发生石漠化的比例以连续性石灰岩最高；灌木林地发生轻度石漠化的比例在连续性石灰岩、石灰岩夹碎屑岩、石灰岩与碎屑岩互层中都很高，但中度石漠化和强度石漠化以石灰岩与白云岩互层中最高；在各类岩石中，中覆盖度草地都发生中度以上石漠化，难利用地处于强度石漠化和极强度石漠化状态；坡耕地中以连续性石灰岩发生轻度石漠化的比例最高，其次是石灰岩与碎屑岩互层。

表6.2　研究区连续性石灰岩中不同土地利用类型石漠化情况　　（单位：%）

土地利用类型	无石漠化	潜在石漠化	轻度石漠化	中度石漠化	强度石漠化	极强度石漠化
有林地	97.52	0.40	1.81	0.04	0.21	0.02
疏林地	11.56	66.10	13.09	5.21	2.75	1.29
灌木林地	0.22	0.37	98.55	0.09	0.64	0.13
高密度草地	0.15	56.73	29.96	5.60	7.53	0.03
中密度草地	0.15	0.22	0.23	66.40	21.78	11.22
难利用地	0.13	0.14	0.18	0.06	44.21	55.28
平坝旱地	98.50	0.43	0.58	0.15	0.31	0.03
坡耕地	0.22	79.22	19.41	0.79	0.30	0.06

表6.3　研究区石灰岩夹碎屑岩中不同土地利用石漠化情况　　（单位：%）

土地利用类型	无石漠化	潜在石漠化	轻度石漠化	中度石漠化	强度石漠化	极强度石漠化
有林地	99.55	0.14	0.26	0.03	0.03	0
疏林地	0.11	99.53	0.07	0.27	0.02	0
灌木林地	0.06	0.43	98.84	0.18	0.49	0
高密度草地		99.70	0.21	0.09		0
中密度草地	0.05	0.44	0.02	99.47	0.02	0
难利用地	0.09	0.15	0.30	0.03	99.41	0
平坝旱地	99.92	0.06	0.02			0
坡耕地	0.09	99.73	0.06	0.06	0.06	0

表6.4　研究区石灰岩与碎屑岩互层中不同土地利用石漠化情况　　（单位：%）

土地利用类型	无石漠化	潜在石漠化	轻度石漠化	中度石漠化	强度石漠化	极强度石漠化
有林地	99.56	0.25	0.02	0.15	0.03	0

续表

土地利用类型	无石漠化	潜在石漠化	轻度石漠化	中度石漠化	强度石漠化	极强度石漠化
疏林地	0.06	98.93	0.95	0.03	0.03	0
灌木林地	0.93	0.49	98.33	0.19	0.16	0
高密度草地		92.22	7.63	0.11	0.04	0
中密度草地	0.11	0.32	0.06	97.41	0.94	1.16
难利用地	0.06	0.81	0.02	0.01	99.10	0
平坝旱地	99.70	0.12	0.10	0.02	0.06	0
坡耕地	0.03	93.19	6.62	0.16	0.03	0.00

表 6.5　研究区石灰岩与白云岩互层中不同土地利用石漠化情况　（单位：%）

土地利用类型	无石漠化	潜在石漠化	轻度石漠化	中度石漠化	强度石漠化	极强度石漠化
有林地	99.80	0.13	0.04	0.02	0.00	0.01
疏林地	0.52	97.71	1.70	0.04	0.02	0.01
灌木林地	0.31	0.34	89.40	7.29	2.65	0.01
高密度草地	0.06	93.81	5.88	0.18	0.07	0
中密度草地	0.18	0.18	0.20	78.45	7.13	13.86
难利用地	0.58	0.09	0.03	0.13	42.24	56.93
平坝旱地	99.51	0.29	0.12	0.06	0.02	0.00
坡耕地	0.27	96.51	2.76	0.33	0.01	0.12

6.2.3　不同等级石漠化土地的土地利用分布规律

研究区石漠化面积占土地总面积的 44.05%。其中，轻度石漠化占石漠化总面积的 36.52%，中度石漠化占石漠化总面积的 29.91%，强度石漠化占石漠化总面积的 19.06%，极强度石漠化占石漠化总面积的 14.51%。有林地、疏林地、灌木林地、高密度草地、中密度草地、难利用地、平坝旱地、坡耕地中的石漠化面积分别占石漠化总面积的 0.37%、3.38%、28.30%、1.69%、39.35%、22.22%、0.19%、4.50%。

研究区的轻度石漠化中，以灌木林地所占的比例最高，坡耕地占 11.67%；中度石漠化中，以中密度草地所占比例最高；强度石漠化和极强度石漠化中，以难利用地的石漠化比例最高（图 6.5）。

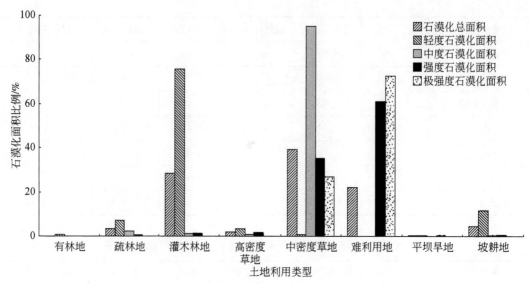

图 6.5 研究区不同土地利用类型中的石漠化分布

6.3 讨 论

6.3.1 研究区石漠化土地形成因素分析

岩溶石漠化是岩溶山区脆弱生态系统与人类不合理经济活动相互作用而造成的土地退化过程。人为的不合理土地利用表现为人为加速石漠化，通过不合理的人为干扰破坏植被，更加突出以加速土壤侵蚀为主的地学过程，包括：①山区有林地经砍伐退化为灌丛草地，进一步砍伐退化为荒草坡；②山区有林地经毁林开荒变成坡耕地，经水土流失发生石漠化；③坡耕地经水土流失发生石漠化。研究区的轻度石漠化中，以灌木林地所占的比例最高，坡耕地占 11.67%，中度石漠化中，以中密度草地所占比例最高；强度石漠化和极强度石漠化中，以难利用地的石漠化比例最高，说明研究区石漠化土地的形成过程以第一种方式为主。在喀斯特土地利用中，林地灌丛是人类利用的主要对象（杨胜天和朱启疆，2000），经反复砍伐、持续开垦和放牧，土壤逐渐流失而发生石漠化。不同土地利用类型的石漠化发生率与岩性存在明显的相关关系，说明石漠化的发生也受岩性等自然因素的影响。

6.3.2 关于研究区石漠化土地分类的讨论

目前的石漠化现状调查和石漠化分类评价研究中（王宇和张贵，2003），主要强调了根据岩石裸露现状进行的石漠化程度分级，而并没有考虑到土地利用方式这一主要影响因子，在相当程度上忽视了石漠化土地的成因类型和不同成因类型的石漠化土地的生态功能的差异性，有可能使石漠化治理的工程布局出现失误。因此，有研究者提出石漠化土地的景观+成因的两级分类模型（王世杰和李阳兵，2005）。根据本研究前述的研究，结合表5.8的石漠化强度分级标准，对研究区的石漠化土地做了进一步的分类（图6.6），突出了研究区的各级石漠化中，发生石漠化的最主要的土地利用类型。从研究区的石漠化现状来看，坡耕地发生轻度石漠化，灌木林地、疏林地发生中度石漠化，而强度石漠化只分布于难利用地和中密度草地覆被类型。不同成因类型的石漠化土地植被自然恢复潜力是不一样的，石漠化土地成因类型与恢复治理模式密切相关。因此，在石漠化土地现状调查时有必要考虑石漠化土地的成因类型，这对石漠化土地的综合防治更有参考价值。

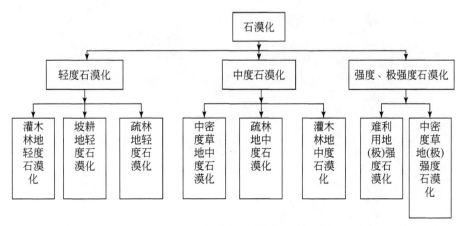

图6.6 研究区的石漠化土地分类

6.3.3 研究区的土地利用变化与石漠化

将研究区2004年石漠化现状图与研究区1995年、2000年的土地利用现状图叠加（图6.7、图6.8），进一步探讨土地利用变化与石漠化的关系（表6.6）。1995年、2000

年和 2004 年珠东区疏林地比例分别为 20.13%、25.70%、16.70%，但其石漠化比例先增加后大幅度下降；灌木林地比例分别为 10.47%、10.65%、13.22%，其轻度石漠化比例大幅度增加，中度石漠化和强度石漠化比例也有少量增加；坡耕地比例分别为 22.22%、16.39%、15.79%，其石漠化比例大幅度下降；中密度草地比例分别为 11.73%、12.35%、18.36%，中密度草地面积增加，其中，中度和强度石漠化比例，极强度石漠化比例减少，其原因可能在于草地是喀斯特地区最容易发生石漠化的土地利用类型（万军和蔡运龙，2003），多属于旱地弃耕后的地段，自然恢复困难；难利用地比例分别为 14.14%、16.71%、10.12%，其面积总体上在减少，轻度石漠化、中度石漠化比例也在减少，说明难利用的裸岩地生境严酷，自然恢复困难。从珠东区 1995 年、2000 年和 2004 年的土地利用变化和石漠化现状来看，近几年的退耕和生态建设取得了一定效果，但生态建设的任务仍很艰巨，近期应人工促进疏林地和灌木林地的恢复，荒草坡和裸岩地则是中远期石漠化土地治理工作中的重点。

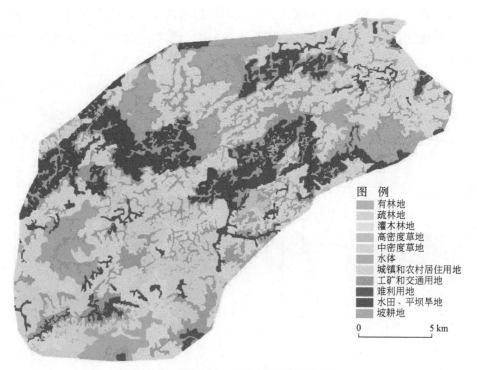

图 6.7　研究区 1995 年土地利用现状图

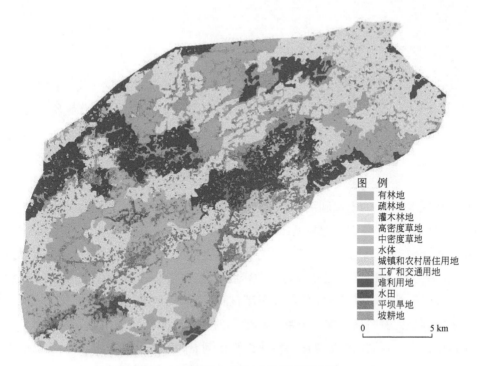

图6.8　研究区2000年土地利用现状图

表6.6　研究区部分土地利用类型的石漠化比例　　　（单位:%）

土地利用类型	轻度石漠化			中度石漠化			强度石漠化			极强度石漠化		
	1995年	2000年	2004年	1995年	2000年	2004年	1995年	2000年	2004年	1995年	2000年	2004年
疏林地	33.88	40.48	7.19%	39.75	46.61	2.27	39.03	44.97	0.32	32.83	37.90	0.09
灌丛	0.68	1.34	75.79	0.34	0.28	1.18	0.16	0.15	1.29			0.17
中密度草地	6.97	7.01	0.80	9.87	11.00	95.08	14.22	14.60	35.19	38.86	42.87	26.97
难利用地	16.05	18.49	0.10	19.35	21.45	0.05	20.37	23.64	61.03	12.96	16.09	72.58
坡耕地	23.93	16.01	11.67	18.84	12.02	0.55	18.04	10.56	0.30	12.49	3.66	0.12

6.3.4　研究区石漠化和土地利用的耦合关系演变

2004年和2017年，研究区无石漠化和潜在石漠化无明显变化，轻度石漠化、中度石漠化有所上升，强度石漠化面积比例从8.15%下降到6.3%，极强度石漠化面积比例从6.3%下降到2.4%（图6.9）。总体来看，研究区石漠化强度有所减轻。

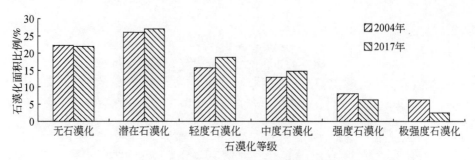

图 6.9　研究区的石漠化面积比例变化

　　将研究区 2004 年的土地利用图和 2017 年的石漠化叠加，分析 2004 年不同土地利用类型中分布的 2017 年各石漠化类型面积比例，并与 2004 年的不同土地利用类型中分布的石漠化面积比例进行对比，以判断不同土地利用类型中的石漠化演变。结果发现（图 6.10），2004 年和 2017 年，灌木林地、中密度草地、难利用地中分布的轻度石漠化面积比例明显增加，疏林地和坡耕地中的轻度石漠化面积比例无明显变化；难利用地和坡耕地的中度石漠化面积比例明显增加，中密度草地中的中度石漠化面积比例下降；中密度草地、难利用地中的强度石漠化和极强度石漠化面积比例下降，坡耕地中的强度石漠化和极强度石漠化面积比例有所上升。图 6.10 表明，随生态恢复，植被盖度提高，以及坡耕地撂荒，现存的石漠化主要退缩分布于难利用地和中密度草地中。而进一步从空间格局上分析，发现研究区石漠化从广泛分布变化到集中于少数地段（图 6.11）。

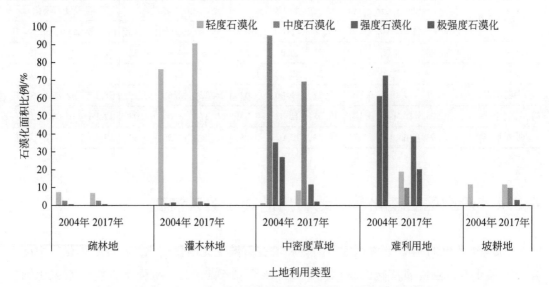

图 6.10　2004 年和 2017 年不同土地利用类型中石漠化面积比例变化

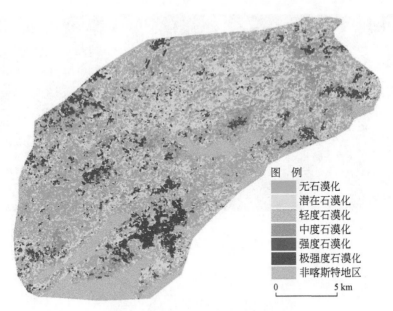

图 6.11　研究区 2017 年石漠化图

图 例
无石漠化
潜在石漠化
轻度石漠化
中度石漠化
强度石漠化
极强度石漠化
非喀斯特地区

0　　　　　5 km

　　研究区石漠化和土地利用的耦合演变模式可归纳为以下几种模式：①研究区峰丛浅洼地坡耕地撂荒，峰坡上部植被得以恢复，峰坡下部仍有很多撂荒地［图 6.12（a）］；②峰丛浅洼地原有石漠化较严重，坡面下部因土层较厚，坡耕地撂荒，坡面下部植被得以逐渐恢复，从坡下到坡上的植被演替序列为林-灌-草-裸岩，峰顶仍保持一定程度的石漠化［图 6.12（b）］；③峰丛浅洼地内聚落衰退、废弃，坡耕地得以大量撂荒，整个峰丛浅洼地植被恢复［图 6.12（c）］；④峰丛浅洼地内聚落仍有活力，但因农户生计调整，土地压力减小，坡耕地得以大量撂荒，整个峰丛浅洼地植被恢复［图 6.12（d）］。

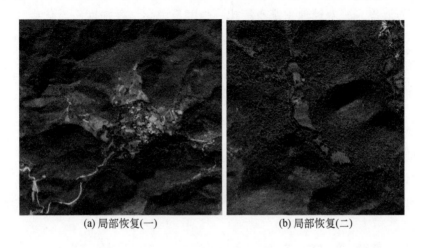

(a) 局部恢复(一)　　　　　　　　　　(b) 局部恢复(二)

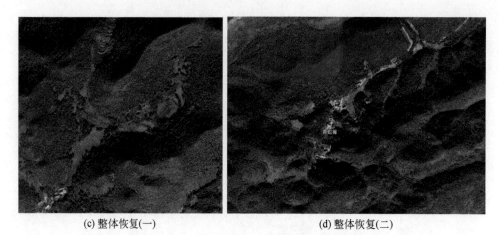

(c) 整体恢复(一)   (d) 整体恢复(二)

图 6.12   峰丛浅洼地石漠化土地植被恢复情景

6.4   本 章 小 结

本章依据野外考察和 ASTER 影像解译数据定量研究了贵州省盘县中南部峰丛洼地典型石漠化地区不同岩性的土地利用分布规律和不同土地利用类型的石漠化发生率。结果显示，研究区不同土地利用类型的石漠化发生率与岩性存在明显的相关关系，轻度石漠化中，土地覆被以灌木林地所占的比例最高，坡耕地占 11.67%；中度石漠化中，土地覆被以中密度草地所占比例最高；强度石漠化和极强度石漠化中，土地覆被以难利用地的石漠化比例最高。根据前述研究，本研究提出研究区的轻度石漠化应分为灌木林地轻度石漠化、疏林地轻度石漠化、坡耕地轻度石漠化；中度石漠化应分为中密度草地中度石漠化、疏林地中度石漠化、灌木林地中度石漠化；强度石漠化、极强度石漠化应分为难利用地（极）强度石漠化、中密度草地（极）强度石漠化。喀斯特石漠化土地的土地利用成因类型与恢复治理模式密切相关，本研究提出的石漠化土地分类，对石漠化土地的综合防治更有参考价值。

参 考 文 献

李瑞玲，王世杰，周德全，等.2003.贵州岩溶地区岩性与土地石漠化的相关分析［J］.地理学报，
    58（2）：314-320.

李阳兵，高明，魏朝富，等.2003.土地利用对岩溶山地土壤质量性状的影响［J］.山地学报，21（1）：
    40-49.

李阳兵，高明，邵景安，等.2005.岩溶山区不同植被群落土壤生态系统特性研究［J］.地理科学，

25 (5)：606-613.

龙健，江新荣，邓启琼.2005. 贵州喀斯特地区土壤石漠化的本质特征研究 [J]. 土壤学报，42 (3)：
419-427.

冉晨，白晓永，谭秋，等.2018. 典型喀斯特地区石漠化景观格局对土地利用变化的响应 [J]. 生态学
报，38 (24)：8901-8910.

万军，蔡运龙.2003. 应用线性光谱分离技术研究喀斯特地区土地覆被变化——以贵州省关岭县为例 [J].
地理研究，22 (4)：439-446.

王世杰，李阳兵.2005. 生态建设中的喀斯特石漠化分级问题 [J]. 中国岩溶，24 (3)：192-195.

王宇，张贵.2003. 滇东岩溶石山地区石漠化特征及成因 [J]. 地球科学进展，18 (6)：933-938.

熊康宁，黎平，周忠发，等.2002. 喀斯特石漠化的遥感-GIS 典型研究——以贵州省为例 [M]. 北京：
地质出版社.

杨胜天，朱启疆.2000. 贵州典型喀斯特环境退化与自然恢复速率 [J]. 地理学报，55 (4)：459-466.

Akinola M O, Thompson K, Buckland S M. 1998. Soil seed bank of an upland calcareous grassland after 6 years of
climate and management manipulations [J]. Journal of Applied Ecology, 35 (4)：544-552.

Day M J, Sean C M. 2004. The Karstlands of Trinidid and Tobago, their land use and conservation [J]. The
Geographical Journal, 170 (3)：256-266.

Gillieson D, Wallbrink P, Cochrane A. 1996. Vegetation change, erosion risk and land management on the
Nullarbor Plain, Australia [J]. Environmental Geology, 28 (3)：145-153.

Huang Q H, Cai Y L. 2006. Assessment of Karst rocky desertification using the radial basis function network model
and GIS technique：a case study of Guizhou Province, China [J]. Environmental Geology, 49：1173-1179 .

Sauro U. 1993. Human impact upon the Karst land of Venetian Fore Alps, Italy [J]. Environmental Geology,
23 (1)：115-121.

Wang S J, Liu Q M, Zhang D F, et al. 2004. Karst rocky desertification in southwestern China：Geomorphology,
land use, impact and rehabilitation [J]. Land Degradation & Development, 15：115-121.

Yuan D X. 1997. Rock desertification in the subtropical Karst of south China [J]. Zeitschrift für Geomorphologie
N. F., 108：81-90.

第7章 | 石漠化景观及其景观生态效应

喀斯特石漠化是土地荒漠化的主要类型之一，它以脆弱的生态地质环境为基础，以强烈的不合理人类活动为驱动力，以土地生产力退化为本质，以出现类似荒漠景观为标志（Yuan，1997；Wang et al.，2004）。人类不合理活动的干扰，加剧了以"石漠化"为特征的岩溶山区景观演化和景观破碎化进程（卢远等，2002）。在山地自然条件的制约下，人为干扰的影响范围呈蚕食性扩展，导致景观日趋破碎，先前规模较大、连通度较高的斑块日益被分割为分离的和碎小的斑块（张惠远等，2000）；景观利用在"垂直"方向不适宜的匹配（如陡坡垦殖）和在"水平"方向不合理的空间布局（如景观碎裂化），构成岩溶山地景观退化的主要问题（张惠远和王仰麟，2000）。从景观以上尺度考虑生态恢复与重建问题已逐渐引起了恢复生态学家的关注，但当前涉及石漠化土地空间分布（景观格局）与石漠化过程的相互关系研究仍较少。本章将以贵州省盘县和花江峡谷区的石漠化土地为例，阐述石漠化景观格局多样性变化及其影响因素，以期掌握石漠化过程中和石漠化土地生态恢复过程中的景观动态变化规律，这对于认清该地区的石漠化现状和理解石漠化发生的尺度和机理很有必要，同时还可为石漠化的有效防治与管理提供理论依据。

7.1 石漠化景观格局分布特征及其影响因素分析
——以贵州省盘县为例

7.1.1 研究区概况和研究方法

7.1.1.1 研究区概况

贵州省盘县地处珠江上游南北盘江发源地、云南高原向黔中高原过渡的斜坡部位、广西丘陵与黔西北高原之间的过渡地带，生态地位十分重要。盘县以高原山地为主体，地势西北高、东南低，其地貌类型见图7.1。研究区北部与水城县接壤的牛棚梁子最高海拔为2807m，中南部隆起，山峰海拔一般为2000～2300m，东部和南部地势较低，海拔一般为

1400~1900m；多年平均气温为15.2℃，年平均降水量为1411.7mm。研究区碳酸盐岩岩石类型主要为石炭系、二叠系、三叠系连续型灰岩、灰岩夹碎屑岩、灰岩与碎屑岩互层、连续型白云岩、白云岩夹碎屑岩、灰岩与白云岩互层，碳酸盐岩与非碳酸盐岩交错分布。

盘县土地总面积为4057km²，岩溶面积为2635.98km²，占土地总面积的64.97%，是贵州喀斯特面积、石漠化面积较大，石漠化程度最严重的几个县域之一，属于《贵州省"十三五"生态建设规划》划定的42个石漠化重点治理县范围（熊康宁等，2002）。2003年年底全县总人口为115.99万人，人口平均密度为286人/km²，农业人口有96万人，占总人口的82.77%，是一个典型的人口大县、农业大县，各乡镇的人口、土地利用差异较大。2017年户籍人口为126万人，设施农业占地335hm²。

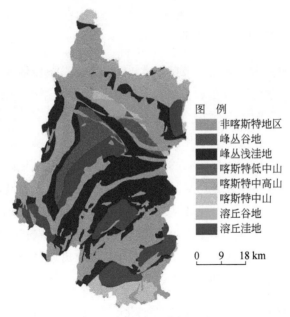

图7.1 盘县地貌类型图

7.1.1.2 数据处理

研究区喀斯特石漠化数据主要来源于2004年12月15m分辨率的ASTER影像解译结果，2004年12月和2005年7月我们在典型地貌和石漠化分布区进行了两次野外调查，涉及全县大部分乡镇。重点调查石漠化在不同地貌类型的空间分布规律、与坡度和土地利用类型的关系及石漠化土地发生演变过程。同时掌握石漠化遥感影像特征，即中度石漠化遥感影像呈星状，颜色呈绿红、浅绿色；强度石漠化遥感影像呈星状，颜色呈浅灰色、灰蓝色；不同石漠化强度解译主要依据大小为0.2km×0.2km的图斑单元中岩石裸露率和植被+

土被覆盖率来判定（陈起伟等，2007）。

在解译过程中，以 1∶25 万水文地质图中的岩层分布特征控制喀斯特的边界，并参考 1∶25 万 DEM、坡度图、土地利用图资料解决"同物异谱"和"同谱异物"等问题，以提高分类精度（陈起伟，2007）。与此同时，采用 Fragstats for ArcView 软件计算景观指数。对 2004 年 ASTER 影像解译数据，通过 287 个图斑野外抽样验证，其吻合程度达 90.24%。

为了揭示研究区石漠化组合类型格局的演变情况，根据上述石漠化解译判断方法，基于 2017 年 TM 8 影像，获取了研究区 2017 年的石漠化数据。

7.1.2 结果与讨论

7.1.2.1 石漠化斑块数量特征

盘县碳酸盐岩区域，无石漠化、潜在石漠化和轻度石漠化斑块的面积比例、斑块数量明显高于中度石漠化、强度石漠化和极强度石漠化斑块（表 7.1），说明前三种石漠化是碳酸盐岩分布区的主导景观类型，它们总体上对整个景观的影响程度要高于后三种，最大斑块指数也反映了这一点；但无石漠化、潜在石漠化和轻度石漠化的较高的斑块密度和斑块数量也表明它们均处于破碎化比较高的状态之中。极强度石漠化的斑块数量最少，但平均斑块面积最大，极强度石漠化各斑块间的面积和周长标准差大于其他类型；斑块密度最小，表明极强度石漠化各斑块间的差异最大；最大斑块指数大于中度石漠化和强度石漠化，表明极强度石漠化斑块具有集中连片分布的特征；平均形状指数和分形维数也同时反映了极强度石漠化各斑块形状较中度石漠化和强度石漠化斑块复杂。因此盘县石漠化景观中以极强度石漠化对局部景观格局的影响最大。

表 7.1 2004 年盘县不同石漠化类型的景观生态学特征

石漠化类型	面积比例/%	斑块数量/块	平均斑块面积/hm²	平均形状指数	最大斑块指数	斑块密度/(块/hm²)	分形维数
无石漠化	17.535 30	12 425	5.716 90	1.742 92	0.402 53	3.067 27	1.362 48
潜在石漠化	18.115 98	15 357	4.778 58	1.779 08	0.648 03	3.791 08	1.366 31
轻度石漠化	13.288 85	13 840	3.889 51	1.710 72	0.262 08	3.416 59	1.363 97
中度石漠化	8.792 20	9 616	3.703 79	1.679 94	0.221 09	2.373 84	1.361 81
强度石漠化	5.835 22	7 118	3.320 80	1.643 38	0.133 91	1.757 17	1.359 25
极强度石漠化	1.308 72	481	11.021 60	1.936 97	0.241 85	0.118 74	1.366 44

7.1.2.2　石漠化斑块空间组合特点

盘县由于喀斯特与非喀斯特交错分布，地形地貌、人口密度、土地利用强度等差异大，所以石漠化土地斑块在空间上分布极不均匀（图7.2），形成了以下几种空间格局。

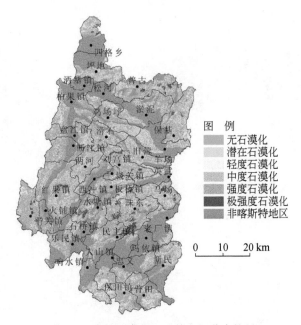

图7.2　盘县石漠化土地的空间分布格局

1）（极）强度石漠化斑块集中分布型：强度石漠化、极强度石漠化斑块占绝对优势，构成粗粒景观，分布于冷风垭口、红果镇、平关镇、石桥镇等地［图7.3(a)和(b)］。此种格局代表了喀斯特土地严重退化的后期阶段。

2）强度石漠化与无石漠化、潜在石漠化斑块混合分布型：强度石漠化斑块数量比例仍较高，但斑块面积较小，被潜在（无）石漠化斑块分割，分布于刘官镇、保基乡等地［图7.3(c) 和(d)］。此种格局分布的石漠化仍较严重，并有进一步继续恶化和恢复好转两种发展趋势，主要取决于人为干扰和治理、恢复状况。

3）以潜在石漠化、无石漠化为主分布型：该类型主要分布于地貌类型较单一地区，如溶丘洼地［图7.3 (e)］，以潜在石漠化、无石漠化斑块为主，不合理垦殖活动形成的轻中度石漠化斑块零星分布。对于这类石漠化问题，重点要放在保护上，防止潜在石漠化、无石漠化基质的继续破坏，控制裸岩斑块连通扩大，减小其成为景观基质的可能性。

4）轻中度石漠化聚集分布型：轻中度石漠化斑块占绝对优势，分布于地势较偏远、自然条件较差、人口密度较小的山区，如保基乡等地［图7.3 (f)］。由于受上述自然和人文特点的制约，这些地区的这种石漠化景观可能会长期停留在这一格局和阶段上。

5）几种石漠化类型相间分布型：没有一种类型斑块占绝对优势，由许多大小相似的石漠化斑块组成 [图7.3（g）]。此种格局代表的石漠化程度总体较轻，盘县相当多的喀斯特地区都属于此种石漠化格局，此种格局也是当前石漠化预防的重点。

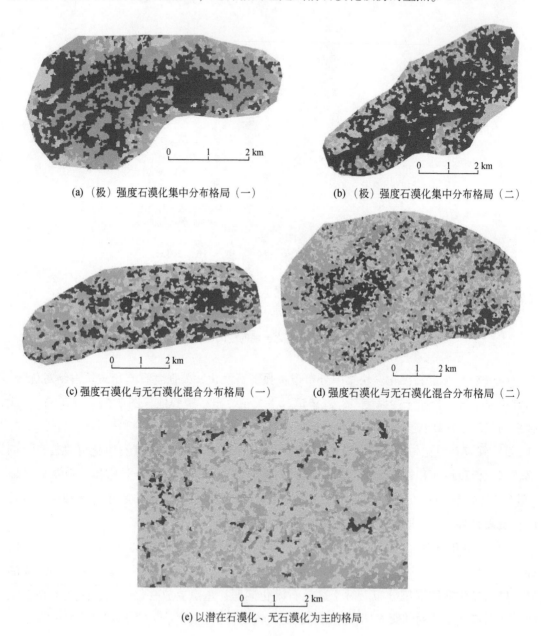

(a)（极）强度石漠化集中分布格局（一）　　　　(b)（极）强度石漠化集中分布格局（二）

(c) 强度石漠化与无石漠化混合分布格局（一）　　(d) 强度石漠化与无石漠化混合分布格局（二）

(e) 以潜在石漠化、无石漠化为主的格局

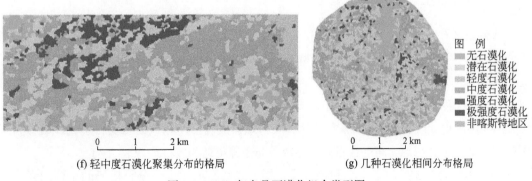

图 例
无石漠化
潜在石漠化
轻度石漠化
中度石漠化
强度石漠化
极强度石漠化
非喀斯特地区

(f) 轻中度石漠化聚集分布的格局   (g) 几种石漠化相间分布格局

图7.3 2004年盘县石漠化组合类型图

粗粒景观与细粒景观由于在结构上的差异，其对应的景观功能也不同（Forman，1995），其基本生态过程也各异。一般来说，无石漠化和潜在石漠化斑块对应于高质量生境，轻度石漠化与中度石漠化斑块对应于一般生境，强度石漠化与极强度石漠化斑块对应于低质量生境，强度、极强度石漠化是由轻度石漠化、中度石漠化发展而来的，因此，其分布规律应该同某种干扰状况相应。上述5种石漠化景观中，石漠化斑块分布构型不同，所反映的环境因子和干扰过程各异，代表着石漠化景观的不同发展阶段和演替趋势。目前在喀斯特生态系统研究中，这方面的分析还处于初步阶段中（李阳兵等，2005）。

7.1.3 石漠化格局成因分析

7.1.3.1 地形地貌的影响

地形地貌等自然条件可导致强度、极强度石漠化土地集中分布，主要有以下三种情况：①岩溶峰丛谷地和峰丛浅洼地。例如，盘县沙河、格所一带、中部的鸡场坪和大营一带、猛者—孔关、民主—珠东—马场等属于较大面积的典型岩溶峰丛谷地和峰丛浅洼地，强度石漠化、极强度石漠化土地集中连片分布于峰丛浅洼地四周峰丛的中上部，形成强度石漠化、极强度石漠化斑块集中分布型格局。强烈的垦殖、砍伐是其主要诱发因素。②岩溶脊状高中山。例如，羊场、把家寨、大风岩一带，乐民—石桥—板桥一带，冷风垭口，平关镇东北部等，强度石漠化、极强度石漠化土地顺山体走向连片分布。由于地势较高，气温相对低，植被破坏后不易恢复。③河流分水岭地区。分布于盘县西北部大寨一带切割强烈的河流分水岭地区，所处地区为盘县平均海拔最高处，坡度大，土壤侵蚀强烈，气候条件恶劣，植被自然恢复缓慢，常年处于稀疏灌草坡阶段，石漠化土地集中成片。

7.1.3.2 土地利用方式的影响

从全县来看，轻度、中度、强度和极强度石漠化在坡度 10°~17.5°的地带分布比例最高，其次是 17.5°~25°、25°~35°的区域（表7.2），因为此坡度范围易发生水土流失，同时此坡度范围人为垦殖等活动强烈。从发生石漠化的土地利用类型来看，盘县的轻度石漠化斑块主要分布于灌木林地和坡耕地，中度石漠化斑块主要分布于中密度草地（覆盖度在 20%~50% 的天然草地和改良草地）、灌木林地和坡耕地，强度石漠化、极强度石漠化斑块分布于中密度草地、未利用地，而潜在石漠化主要分布于疏林地和坡耕地（表7.3）。

表 7.2 和表 7.3 反映了土地利用方式是影响盘县石漠化土地分布格局的重要因素，但对各乡镇来说具体的分布则存在地域差异（李阳兵等，2007）。以红果镇、保基苗族彝族乡和珠东乡为例，珠东乡属典型的喀斯特峰丛浅洼地，轻度石漠化主要分布于灌木林地和坡耕地，中度石漠化主要分布于中密度草地，强度以上石漠化主要分布于难利用地，形成（极）强度石漠化与无石漠化、潜在石漠化斑块混合分布的格局；保基苗族彝族乡属于高中山峡谷区，且有较大面积的岩溶峰丛谷地和峰丛浅洼地，坡耕地很少发生轻度石漠化，但未利用土地面积比例大且主要发生强度和极强度石漠化，中度石漠化以中密度草地所占比例最高，总体上形成中度石漠化聚集分布的格局；红果镇陡坡开垦严重，坡耕地发生中度甚至极强度石漠化，形成强度、中度石漠化集中分布的格局。

表 7.2　盘县石漠化在不同坡度等级中的分布　　（单位:%）

石漠化等级	坡度						
	<5°	5°~10°	10°~17.5°	17.5°~25°	25°~35°	35°~45°	>45°
无石漠化	7.19	11.95	36.07	23.04	16.21	5.31	0.23
潜在石漠化	5.91	12.68	35.14	23.60	16.64	5.88	0.14
轻度石漠化	3.46	13.00	36.61	22.19	17.08	7.23	0.44
中度石漠化	5.64	9.22	38.40	23.16	16.94	6.42	0.23
强度石漠化	4.71	11.60	35.43	21.92	19.86	6.20	0.27
极强度石漠化	3.51	10.87	31.23	24.20	22.81	7.13	0.25

表 7.3　盘县不同等级石漠化在不同土地利用类型中的分布　　（单位:%）

石漠化等级	土地利用类型								
	有林地	疏林地	灌木林地	草地	中密度草地	难利用地	水田	平坝旱地	坡耕地
无石漠化	27.35	2.09	3.42	0.07	1.95	1.53	16.92	39.01	4.30
潜在石漠化	1.19	33.83	2.47	6.32	2.38	1.25	0.52	3.11	48.80

石漠化等级	土地利用类型								
	有林地	疏林地	灌木林地	草地	中密度草地	难利用地	水田	平坝旱地	坡耕地
轻度石漠化	0.60	3.55	71.52	2.68	5.61	1.09	0.77	2.48	11.59
中度石漠化	0.78	1.78	3.84	1.65	86.38	0.72	0.35	1.05	3.23
强度石漠化	0.59	0.61	1.09	2.03	32.07	49.98	0.18	1.26	1.19
极强度石漠化	0.23	0.18	1.04	2.36	21.09	71.25	0.29	0.05	2.65

7.1.4 不同石漠化组合格局的演变与生态恢复

进一步将各石漠化组合类型格局与其在 2017 年同一地点的石漠化分布情况进行对比，以揭示不同石漠化组合格局的演变与生态恢复（图 7.4、图 7.5）。总体而言，各石漠化组合格局经过演变，在 2017 年石漠化都有所下降，但其演变差异也较明显。

以潜在石漠化、无石漠化为主的格局中，因中强度石漠化的数量比例低，其变化也不明显；轻中度石漠化聚集分布的格局，轻度石漠化比例上升，中强度石漠化下降，景观格局无明显变化；石漠化相间分布格局中，中度石漠化明显下降，无石漠化和潜在石漠化景观占据优势地位。（极）强度石漠化集中分布格局中，（极）强度石漠化比例下降，石漠化斑块连接度、聚集度下降，斑块多样性增加；但总体上仍是（极）强度石漠化斑块控制着景观格局。这也说明，在（极）强度石漠化集中连片分布的区域，石漠化土地的恢复是一个长期的过程。

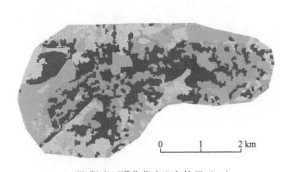

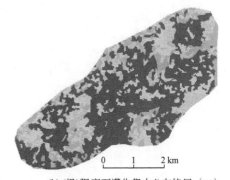

(a) (极)强度石漠化集中分布格局（一）   (b) (极)强度石漠化集中分布格局（二）

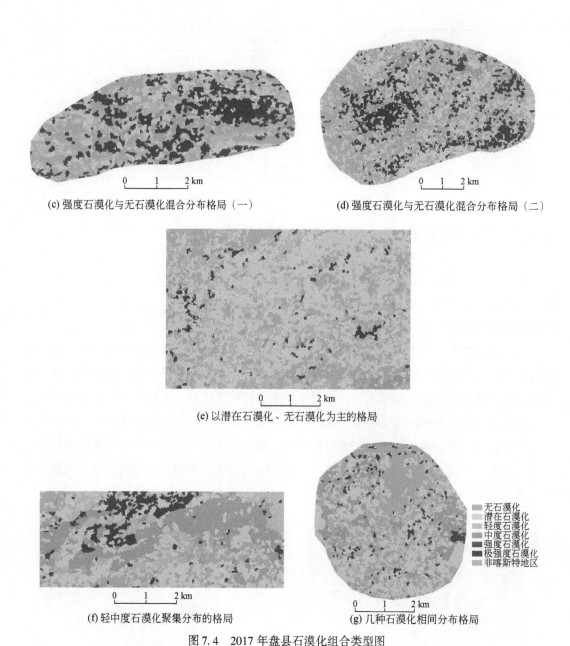

(c) 强度石漠化与无石漠化混合分布格局（一）

(d) 强度石漠化与无石漠化混合分布格局（二）

(e) 以潜在石漠化、无石漠化为主的格局

(f) 轻中度石漠化聚集分布的格局

(g) 几种石漠化相间分布格局

图例：
无石漠化
潜在石漠化
轻度石漠化
中度石漠化
强度石漠化
极强度石漠化
非喀斯特地区

图 7.4   2017 年盘县石漠化组合类型图

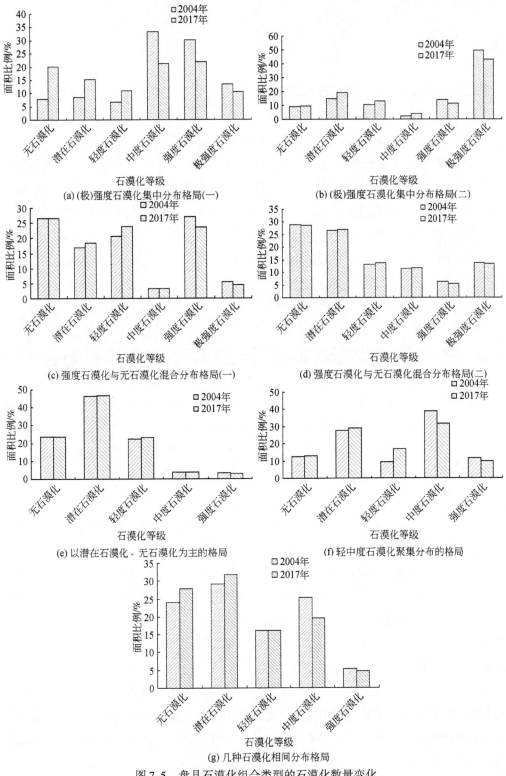

(a) (极)强度石漠化集中分布格局(一)

(b) (极)强度石漠化集中分布格局(二)

(c) 强度石漠化与无石漠化混合分布格局(一)

(d) 强度石漠化与无石漠化混合分布格局(二)

(e) 以潜在石漠化、无石漠化为主的格局

(f) 轻中度石漠化聚集分布的格局

(g) 几种石漠化相间分布格局

图 7.5　盘县石漠化组合类型的石漠化数量变化

7.1.5 结论

通过野外调查，结合遥感解译数据，本节讨论了盘县石漠化景观格局分布特征及地形地貌和土地利用对其的影响，得出以下结论。

1）盘县石漠化景观中以极强度石漠化对局部景观格局的影响最大。

2）盘县石漠化土地斑块在空间的分布极不均匀，形成（极）强度石漠化斑块集中分布型，强度石漠化与无石漠化、潜在石漠化斑块混合分布型，以潜在石漠化、无石漠化为主分布型，轻中度石漠化聚集分布型，几种石漠化类型相间分布型5种空间分布格局。地形地貌和土地利用可导致强度、极强度石漠化土地集中分布。

3）不同的格局代表不同的土地退化阶段，也影响石漠化土地治理恢复模式的选择。

4）在（极）强度石漠化集中连片分布的区域，石漠化土地的恢复是一个长期的过程。

7.2 不同石漠化程度岩溶峰丛洼地系统景观格局的比较

景观生态学在生态环境演替方面已有较多的应用（常学礼等，1998；Ahern，1999；张明，2000；李锋，2002；陈玉福和董鸣，2002；赵文智，2002；兰安军等，2003），西部地区为适应大规模区域生态环境建设的需要，加强生态安全的预警与对策研究已成为包括景观生态学在内的宏观生态学研究新热点（肖笃宁和李秀珍，2003），从景观以上尺度考虑生态恢复与重建问题已逐渐引起了恢复生态学家的关注，景观生态恢复与重建是区域生态安全格局构建的关键途径（关文彬等，2003）。人类不合理活动的干扰，加剧了岩溶山区脆弱性生态环境以"石漠化"为特征的景观演化和景观破碎化进程（卢远等，2002）。在山地自然条件的制约下，人为干扰呈蚕食性扩展，导致景观日趋破碎，规模较大、连通度较高的斑块日益被分割为分离的和碎小的斑块（张惠远等，2000）。景观利用在"垂直"方向不适宜的匹配（如陡坡垦殖）和在"水平"方向不合理的空间布局（如景观碎裂化），构成岩溶山地景观退化的主要问题（张惠远和王仰麟，2000）。但目前几乎没有涉及石漠化土地空间分布（景观格局）与石漠化过程的相互关系研究。本研究以花江峡谷区不同石漠化程度的岩溶峰丛洼地系统为例，阐述景观格局多样性变化与石漠化程度的关系，以期掌握石漠化过程中景观的动态变化规律。这对于认清该地区的石漠化现状和理解石漠化发生的尺度与机理是十分必要的，并可为提出有效的防治与管理对策提供理论依据。

7.2.1　研究区自然概况

研究区位于贵州省关岭县南部与贞丰县北部交界的北盘江花江段岩溶峰丛峡谷流域区的南岸，包括查尔岩村、板围村、纳堕村、戈贝村，地理位置为 105°38′E，25°39′N，海拔为 850~1000m，是贵州岩溶石漠化发生的典型地区和国家"九五""十五"生态重建重点示范区。峡谷呈东西向分布，两侧峰丛山地高耸，谷地深切，高差在 800m 以上，既具有阻挡冷湿气流入内的作用，又能产生焚风效应，形成一个静风的干热峡谷。研究区属中亚热带干热河谷气候类型，年均气温 18.4℃，年均降水量 1100mm，但时空分布不均，4~10 月降水量占全年降水量的 85%，蒸发量达 1200~1300mm，干旱指数为 1.4~1.1，连续 3 个月降水量不足 50mm 的干旱发生频率达 90%。植被有仙人掌、量天尺群落等肉质多浆灌丛，一方面反映了生境条件干燥、暖热的特征，另一方面又反映出人类活动干扰破坏严重。除在一些村寨的四周有树林分布，在一些陡峻的峰丛顶部尚残存有少数灌丛外，其余大部分地区，基岩裸露，石漠化十分严重，轻度以上石漠化土地占研究区土地总面积的 70% 左右。

7.2.2　研究方法

7.2.2.1　研究单元选取

峰丛洼地是贵州典型岩溶地貌类型，也是一类特殊的地表干旱缺水区，形成了特殊的生态环境，即峰丛洼地系统物质能量循环具有相对封闭性，也是脱贫难度较大的地域。本研究选择花江峡谷区南坡 5 个独立的岩溶峰丛洼地封闭系统（图 7.6），据基岩裸露面积、植被加土被面积、土厚（熊康宁等，2002），将其石漠化程度分别划分为强度石漠化、中度石漠化、轻度石漠化和潜在石漠化，以阐明石漠化过程中峰丛洼地系统生态格局多样性的变化。

7.2.2.2　景观要素类型划分

在景观格局研究中，常将嵌块体类型视为土地利用类型（陈玉福和董鸣，2002），也就是说，可以用一定级别的土地利用类型表示景观中的嵌块体类型，至少在人类开发利用程度较高的地区可以如此。因此，本研究将研究区景观格局种类的嵌块体类型与土地利用类型视为同义语，景观空间格局即土地利用空间格局。本研究的嵌块体类型（土地利用类

图 7.6　5 个峰丛洼地的空间分布

型）的划分，主要是在土地利用类型的基础上，依据土地利用现状划分了 7 类景观嵌块体类型（裸岩、裸土、草坡、灌木林地、弃耕地、耕地和林地）。

结合 2000 年 TM 影像图和地形图，实测各峰丛洼地系统景观要素分布图，各峰丛洼地系统不同景观要素的斑块数目、面积和所占比例见表 7.4。

表 7.4　各研究单元中不同嵌块体的数目、面积及景观比例

研究单元	潜在石漠化			轻度石漠化			中度石漠化			中度石漠化			强度石漠化		
	斑块数目/块	面积/m²	比例/%	斑块数目/块	面积/m²	比例/%	斑块数目/块	面积/m²	比例/%	斑块数目/块	面积/m²	比例/%	斑块数目/块	面积/m²	比例/%
裸岩	11	6 517	23.23	10	4 320	36.60	7	2 210	40.74	15	7 573	28.50	13	9 298	38.20
裸土	0			0			0			0			5	3 994	16.40
草坡	1	2 001	7.13	2	300	2.50	0			2	330	1.20	1	100	0.40
灌木林地	6	6 970	24.85	10	3 601	30.50	15	2 585	47.65	17	6 297	23.70	7	6 365	26.20
林地	13	9 943	35.45	1	1 001	8.50	1	20	0.37	7	4 714	17.80	2	875	3.60
弃耕地	1	150	0.53	3	2 134	18.10	0			12	5 384	20.30	5	790	3.20
耕地	5	2 470	8.81	1	450	3.80	3	610	11.24	6	2 247	8.50	7	2 912	12.00
总计	37	28 051	100.00	27	11 806	100.00	26	5 425	100.00	59	26 545	100.00	40	24 334	100.00

7.2.2.3　景观多样性评价指标

一个地区的景观空间格局可以通过有关嵌块体的各种指数来表征。本研究参考国内外相关文献（Turner and Rucher，1988；肖笃宁，1991；傅伯杰等，2016；邬建国，2000；肖寒等，2001；Rao and Pant，2001），采用的景观空间格局指数包括景观单元特征指数和景观整体指数，具体如下。

（1）景观多样性指数（H）

景观多样性指数反映景观中嵌块体的复杂性、嵌块体类型的齐全程度或多样性状况。采用 Shannon-Weiner 指数来计算景观多样性，计测公式为

$$H = -\sum_{i=1}^{m}(P_i\log_2 P_i) \tag{7.1}$$

其中，最大景观多样性指数 $H_{max} = -m\left[\dfrac{1}{m}\log_2\left(\dfrac{1}{m}\right)\right] = -\log_2\left(\dfrac{1}{m}\right)$，即 $H_{max} = \log_2 m$。式中，H 为景观多样性指数（单位为 bit）；m 为要素的种类；P_i 为要素 i 的景观比例。该指数（H）同时表达了景观中嵌块体的多度（或丰富度）和异质性。

（2）景观均匀性指数（E）

景观均匀性指数是景观均匀度的量度指标，它反映景观中不同生态系统嵌块体分布的均匀程度，可定义为"景观实际多样性指数与最大多样性指数之比值"，亦即：

$$E = H/H_{max} \tag{7.2}$$

这一指数（E）为比较不同景观或同一景观不同时期多样性的变化提供了可行方法。

（3）景观优势度指数（D）

景观优势度指标用于描述景观由少数几个景观类型（生态系统）控制的程度，是测定景观格局构成中的一种或一些景观要素类型支配景观结构的程度，亦即嵌块体在景观中的重要程度。其计算方法亦基于信息论，即通过计算最大景观多样性指数（H_{max}）的离差来表述，其计算公式为

$$D = H_{max} + \sum_{i=1}^{m}(P_i\log_2 P_i) \tag{7.3}$$

式中，D 为景观优势度指数，m 或 P_i 的含义与式（7.1）相同。由 $P_i < 1$ 可知 $\log_2 P_i$ 为负值，故式（7.3）的后一和数项亦为负值，当此和数项增至最大值时，D 值即为 0。式（7.3）中 H_{max} 的作用在于使得通过不同景观要素类型数目时的景观差异标准化。D 值越大，则表明偏离最大景观多样性指数的程度越大，即组成景观的各嵌块体类型所占比例差异越大，或说明景观受某一种或少数几种景观嵌块体类型所支配；D 值越小，则表明偏离最大景观多样性指数的程度越小，即组成景观的各种嵌块体类型所占比例相当，或说明景

观由多个面积比例大致相等的嵌块体类型组成。

（4）景观分离度指数（F_i）

景观分离度是指某一景观类型中不同要素个体分布的分离程度。景观分离度越大，表明景观类型斑块的分布越分散。其计算公式为

$$F_i = D_i / S_i$$

$$S_i = A_i / A$$

$$D_i = \frac{1}{2}\sqrt{\frac{n}{A}} \tag{7.4}$$

式中，F_i 为景观类型 i 的分离度；n 为景观类型 i 中的元素个数；A_i 为第 i 类景观的面积；A 为研究区景观总面积。

（5）景观破碎度指数（FN）

景观破碎度是景观异质性的一个重要组成部分，它是指景观被分割的破碎程度，即景观里某一景观类型在给定时间里和给定性质上的破碎化程度。其计算公式为

$$FN = (NP-1)/NC \times 100\% \tag{7.5}$$

式中，NC 为景观数据矩阵中栅格的总数（其为最小斑块面积与景观总面积的比值）；NP 为景观内各类嵌块体的总数。FN 值越大，景观破碎化程度越大。

7.2.3 结果与讨论

7.2.3.1 景观镶嵌结构的空间格局

潜在石漠化峰丛洼地系统裸岩集中分布于两处：峰丛南面坡度大于 80° 的坡面上部和峰丛东部（坡度 15°~30°）开垦后土壤侵蚀强烈的坡面；其余裸岩斑块则零星分布。该区封育已 40 多年，景观以林、灌为主，从洼地底部到峰丛顶部连片分布。洼地底部中央土层深厚，种植药材。

轻度石漠化峰丛洼地系统裸岩主要分布于峰丛上部坡度较大部位，峰丛顶部坡度虽不大，但垦殖后土壤侵蚀强烈，土壤保存在溶隙里，也会形成裸岩景观。坡面中部为灌丛，坡面下部为弃耕地，洼地底部四周土层较厚的地方毛椿林生长高大，中部为耕地。

第一个中度石漠化峰丛洼地系统裸岩分布于系统坡度较缓的顺倾坡面，在其余坡面裸岩与灌木林地相间分布，灌木林地比例（47.6%）大于裸岩比例（40.7%），洼地底部为耕地。第二个中度石漠化峰丛洼地系统顺倾坡面坡度较小，以灌木林地、草坡、弃耕地为主，裸岩为小斑块零星分布；东、西两侧峰丛虽然坡度较大，但局部地形呈台阶状，垦殖后溶沟土壤侵蚀强烈，整个坡面主要为连片的裸岩斑块，面积较大，灌木林地、林地只分

布于峰丛顶部；洼地底部顺岩层走向延伸，侵蚀强烈，为石骨子土。

强度石漠化峰丛洼地系统裸岩成片分布于峰丛上部及顶部，以坡度较缓的南坡顺倾坡面裸岩、裸土最为集中连片，在坡面中下部裸岩斑块较小且分散。弃耕地分布在洼地底部四周，灌木林地分布在峰丛顶部。洼地底部中央为稻田。

从上述 5 个峰丛洼地系统斑块的空间分布格局来看，除现有耕地分布于洼地底部外，裸岩分布于坡度较小的坡面，林、灌残存于峰丛顶部或仅分布于洼地底部土层较厚部位，是植被破坏后土壤强烈侵蚀，基岩裸露，改变原有生态水文过程的结果。持续的陡坡垦殖、薪柴砍伐首先造成小范围的石漠化土地斑块，而后逐步扩展，形成较大尺度上的石漠化景观。裸岩斑块、林地斑块、灌草丛斑块的空间分布与地形坡度、地貌部位并无直接联系，说明了斑块空间分布格局成因的多样化和人为化。

7.2.3.2 景观格局的数量特征

由表 7.5 可以看出，相对于花江峡谷区的景观多样性指数 2.189（兰安军，2003），除第一个中度石漠化峰丛洼地系统景观多样性指数较低，景观异质性较小外（主要为灌丛与裸岩斑块），其余 4 个峰丛洼地系统，景观多样性指数总体较高，结构较为复杂，但随着人为不合理干扰增大，石漠化程度增强，景观异质性略有降低的趋势。研究表明，这与峰丛洼地系统景观基质的差异有密切的关系。潜在石漠化峰丛洼地系统，以林、灌为基质，局部部位毁林开荒土壤侵蚀强烈，形成裸岩斑块，增加了景观异质性；强度石漠化峰丛洼地系统以裸岩、裸土为基质，但因退耕还林还草，在当地气候条件下，草灌生长迅速，则景观异质性增加，若进一步垦殖，土壤侵蚀加剧，使面积较小的裸岩斑块通过互相连通，形成面积较大的裸岩裸土斑块，造成石漠化土地斑块数减少，则景观异质性降低，景观多样性下降。5 个峰丛洼地系统景观多样性指数总体较高，但反映的景观生态学意义是不一样的。

表 7.5　景观格局指数

指数	潜在石漠化	轻度石漠化	中度石漠化	中度石漠化	强度石漠化
景观多样性指数	2.3380	2.1150	1.4220	2.2990	2.1950
景观优势度指数	0.2470	0.4700	0.5780	0.5090	0.6130
景观均匀度指数	0.7670	0.7330	0.6520	0.7840	0.6960
景观破碎度指数	0.0898	0.0639	0.0461	0.0175	0.0144

从景观优势度指数变化看，随着石漠化程度增加，优势度指数增加明显，裸岩、裸土控制景观的能力相应增强；无石漠化和轻度石漠化峰丛洼地系统景观结构镶嵌比较均匀，不存在非常明显的优势景观类型。景观均匀度指数表现出先降后升的趋势，潜在石漠化峰

丛洼地景观较均匀，随石漠化发展，均匀度下降；石漠化进一步扩展，裸岩、裸土、灌丛斑块逐渐连成片，景观均匀度指数又上升。与景观多样性指数类似，景观优势度指数、景观均匀度指数也与各峰丛洼地系统的景观基质有关。从景观破碎度指数看，以潜在石漠化洼地系统最高，景观较为破碎，强度石漠化峰丛洼地系统最低。这一方面体现了石漠化发展的结果以基岩大面积裸露为特征；另一方面也说明岩溶生态系统的脆弱性。研究区暴雨集中，土壤侵蚀强烈，对石漠化土地来说，植被/裸地盖度在空间上的分布格局就显得尤为重要，在强度石漠化系统中，小尺度上的斑块和环境异质性对维持景观的健康状况是非常重要的。

在潜在石漠化峰丛洼地系统中，弃耕地最为分散，其次是裸岩和耕地，而灌丛和林地相对集中（表7.6）；轻度石漠化峰丛洼地系统中，草坡和耕地较为分散，裸岩、灌丛、林地相对集中；中度石漠化峰丛洼地系统中，草坡和林地较为分散；强度石漠化峰丛洼地系统中，草坡最为分散，其次是裸岩，但裸岩所占面积比例最大，说明裸岩在整个系统普遍分布，由于土壤侵蚀程度剧烈，弃耕地较多，且分布于洼地四周坡度较大部位，灌丛明显集中于几个地貌部位，在峰丛中上部、顶部以小斑块零星分布。随石漠化程度的加强，裸岩的分离度逐渐增加，斑块面积逐渐增大；草坡、灌丛、林地的分离度逐渐增加，但其平均斑块面积有减小的趋势。

表 7.6　景观分离度指数

景观分离度指数	潜在石漠化	轻度石漠化	中度石漠化	中度石漠化	强度石漠化
裸岩	0.0426	0.0398	0.0441	0.0417	0.3025
裸土					0.0437
草坡	0.0419	0.2559		0.3492	0.7810
灌丛	0.0294	0.0477	0.0552	0.0183	0.0325
林地	0.0304	0.0543	1.8400	0.0457	0.1260
弃耕地	0.5589	0.0441		0.0524	0.2209
耕地	0.0759	0.1207	0.1046	0.0888	0.0710

潜在石漠化峰丛洼地系统和强度石漠化峰丛洼地系统的景观格局与发展模式代表了西南岩溶山地石漠化土地的典型类型。潜在石漠化峰丛洼地系统的景观格局，以林、灌为基质，由不合理垦殖活动形成的裸岩呈斑块状分布于景观基质。对于这类石漠化问题，重点要放在保护上，防止林、灌基质的继续破坏，控制裸岩斑块的连通扩大，减少其成为景观基质的可能性。强度石漠化峰丛洼地系统以裸岩、裸土为优势生态类型，对这类石漠化问题，在保护现有植被的基础上，重点要对连片的裸岩、裸土进行治理，增加景观的异质性和多样性，减少石漠化土地作为景观基质的优势度和对整个景观的影响。

7.2.3.3　讨论

在目前的实际工作中往往将石漠化等同于基岩裸露，或将岩石裸露所占面积达 70% 以上的地带划分为石漠化地区（王瑞江等，2001），裸露的碳酸盐岩面积小于 50% 的地区为无明显石漠化区（吕涛，2002）。在石漠化评价指标选择和石漠化强度与等级的划分等方面也缺乏深入研究，仅从地表形态，或根据基岩裸露面积、土被面积、坡度、植被加土被面积、平均土厚等将石漠化强度分为无明显石漠化、潜在石漠化、轻度石漠化、中度石漠化、强度石漠化、极强度石漠化（熊康宁等，2002），则轻度以上石漠化面积占贵州全省土地面积的 20.39%。根据裸岩面积百分比、现代沟谷面积比、植被覆盖率、地表景观特征（裸岩出露方式）、土地生产力下降率将石漠化程度分为轻度、中度、强度，则石漠化土地约占贵州全省土地面积的 7.9%（Wang et al.，2002）。所以有关石漠化的监测数据因人因机构有别。因此现有的石漠化评价指标不能揭示石漠化的自然规律和动力学机制。

从潜在石漠化、轻度石漠化、中度石漠化到强度石漠化，研究区 5 个峰丛洼地系统的裸岩率分别为 23.2%、36.6%、40.7%、28.5%、38.2%，裸土、植被所占面积比例分别为 67.3%、38.5%、48.0%、42.7%、46.6%（表 7.4），其差异性并不明显。从潜在石漠化到强度石漠化，景观优势度指数、景观破碎度指数、景观分离度指数差异明显，潜在石漠化景观破碎，小尺度上的斑块和环境异质性强，小生境多样，而强度石漠化以裸岩、裸土占优势，斑块相对呈集群分布。本研究的研究情况表明，岩溶生态系统石漠化过程更大程度上取决于斑块类型的分布部位、破碎度与连接度等，而不仅仅是裸岩与植被面积的绝对数量比例，在景观尺度上对研究区的石漠化程度进行划分，除选择基岩裸露面积、植被加土被面积外，还必须考虑景观斑块优势度指数、景观破碎度指数、景观分离度指数差异，并进而以此来定量分析石漠化土地的易恢复程度。

岩溶生态系统斑块空间分布格局成因是多样化的，处于同一岩石裸露率比例的生态系统内景观格局可以差异很大，生物学过程、土壤理化特性、土壤侵蚀过程、生态敏感性明显不同，需采取的生态恢复治理对策也各自有别。生态系统景观格局控制着生态系统内物质循环的"源""汇"关系（Shachak et al.，1998），其中最重要的就是土壤侵蚀导致基岩裸露；生物变化与环境变化的因果互动关系也因其生态系统景观格局不同而存在一定的差异。在生态演替和干扰的共同控制下，景观生态过程极为活跃，景观格局的变化也十分复杂，很难直观地把握景观要素空间分布的总体趋势和规律。景观格局分析不仅强调面积，还考虑所研究石漠化土地的空间分布特征（格局）、景观组成特点与石漠化过程的关系和对石漠化的影响。在石漠化程度判定和石漠化指标的研究中景观格局是一个不可忽视的问题。目前，由于石漠化研究中景观格局分析很少，还不能在石漠化程度判定中建立起一个数量化的格局判定指标，但是，随着在石漠化研究中对景观格局的重视和深入系统的研究，将对石漠化指征的确定和石漠化指标体系的研究产生深远的影响。

7.2.4 结论

1）从研究区 5 个峰丛洼地系统斑块的空间分布格局来看，除现有耕地分布于洼地底部外，裸岩斑块、林地斑块、灌草丛斑块的空间分布与地形坡度、地貌部位并无直接联系，说明了斑块空间分布格局成因的多样化。研究区的景观格局是由人类活动与自然环境之间相互影响的耦合作用机制决定的。

2）研究区的景观多样性指数、景观优势度指数、景观均匀度指数也与各峰丛洼地系统的景观基质有关，在不同石漠化程度的峰丛洼地系统中，反映的景观生态意义是不一样的。以潜在石漠化洼地系统景观较为破碎，强度石漠化峰丛洼地系统的景观破碎度指数最低。随石漠化程度的加强，裸岩的分离度逐渐增加，斑块面积逐渐增大；草坡、灌丛、林地的景观分离度逐渐增加，但其平均斑块面积有减小的趋势。我们认为可用景观优势度指数、景观破碎度指数、景观分离度指数来定量评价石漠化程度的差异和恢复的难易程度。

3）由于目前的研究程度，本研究选择 5 个峰丛洼地系统来代表不同的石漠化阶段，采用的是"空间换时间的方法"研究石漠化程度与景观格局之间的关系，缺乏定位研究。长期的定位研究是岩溶生态系统生态过程研究和石漠化恢复治理研究所必须加强的。

7.3 石漠化景观与土地利用景观的相关性

7.2 节探讨了花江峡谷区不同石漠化程度的 5 个峰丛洼地系统的景观特征，但并没有阐明其景观特征的形成原因。为此，我们进一步选择了花江峡谷区南坡 9 个独立的较为封闭的岩溶峰丛洼地系统，比较其土地利用和石漠化景观的演变过程与演变类型空间耦合关系，以期揭示峰丛洼地景观格局特征的形成原因。

7.3.1 峰丛洼地选择

研究区自然概况见 7.2.1 节。所选择的 9 处峰丛洼地空间分布如图 7.7 所示，其基本特征如表 7.7 所示。

图例
☐ 峰丛洼地界线
高程/m
☐ 1284~1390
▨ 1179~1284
▨ 1073~1179
▨ 968~1073
▨ 862~968
▨ 757~862
▨ 651~757
▨ 546~651
▨ 440~546

0   1   2 km

图7.7　峰丛洼地空间分布

表7.7　研究峰丛洼地特征

编号	总面积/hm²	底部面积/hm²	相对高度/m	坡度	聚落	道路	坡耕地
1	3.34	0	30	大	无	无	无
2	17.02	1.28	137	较缓	无	无	有
3	13.31	0.71	90	较缓	有	有	有
4	12.50	0.52	135	较缓	无	无	有
5	40.42	1.93	150	大	有	有	有
6	11.21	0.74	92	较缓	无	无	有
7	7.24	0.063	30	较缓	无	无	无
8	9.18	0.92	117	较缓	无	无	有
9	4.59	0.34	48	较缓	有	有	有

7.3.2　研究方法

7.3.2.1　数据来源

根据2015年1m分辨率Google Earth影像数据，解译石漠化与土地利用结果，石漠化判读标准见4.3节和5.2节。

7.3.2.2　指标计算

石漠化综合指数的计算见本书第4章。

7.3.3　结果分析

7.3.3.1　研究区的土地利用

选取的 9 处峰丛洼地仅 3 号、5 号和 9 号有聚落，其聚落面积比例分别为 3.37%、3.17%、2.65%；这 3 处峰丛洼地的平坝耕地面积比例分别为 5.31%、4.77%、7.44%，其聚耕比（聚落和平坝耕地面积之比）分别为 0.6347、0.6646、0.3561。

按坡耕地面积比例，9 处峰丛洼地可分为 4 类：坡耕地面积比例<1%，有 2 处；坡耕地面积比例为〔1%，5%）的有 2 处；坡耕地面积比例为〔5%，10%）的有 4 处；坡耕地面积比例≥10% 的有 1 处。同时，除 1 号峰丛洼地外，其余 8 处峰丛洼地都分布有水田或者平坝耕地。

9 处峰丛洼地中，4 号峰丛洼地裸岩面积比例最高，达 45.21%；其次是 7 号峰丛洼地，裸岩面积比例为 35.47%。总体看，4 号和 7 号峰丛洼地以裸岩为基质；3 号、5 号、6 号、8 号、9 号 5 处峰丛洼地以林、灌为基质；1 号、2 号 2 处峰丛洼地是处于两者之间的过渡类型（图 7.8）。

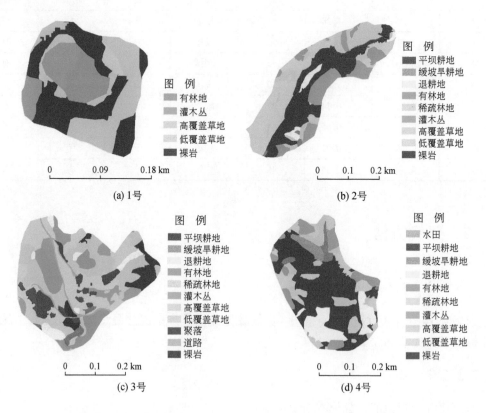

(a) 1号　(b) 2号　(c) 3号　(d) 4号

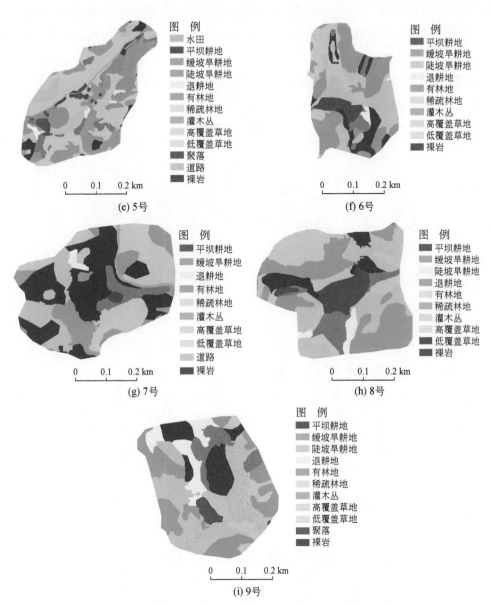

图7.8　研究区2015年9处峰丛洼地土地利用空间分布图

7.3.3.2　研究区的石漠化

9处峰丛洼地石漠化空间分布如图7.9所示。其中，9处峰丛洼地轻度石漠化面积比例最高为45.61%，最低为12.69%；中度石漠化面积比例最高为20.24%，最低为0.69%；强度石漠化面积比例最高为42.87%，最低为0.93%；极强度石漠化面积比例最高为 7.76%，最低为 0.15%。石漠化总面积比例最高为 77.08%，最低为 34.67%。

9 处峰丛洼地的石漠化综合指数空间分布如图 7.10 所示。根据石漠化综合指数，可将 9 处峰丛洼地分为 3 类。

1）潜在石漠化强度峰丛洼地景观系统：有 3 号、6 号和 8 号峰丛洼地。

2）低石漠化强度峰丛洼地景观系统：有 1 号、5 号、9 号峰丛洼地。

3）石漠化峰丛洼地景观系统：2 号、4 号和 7 号峰丛洼地。

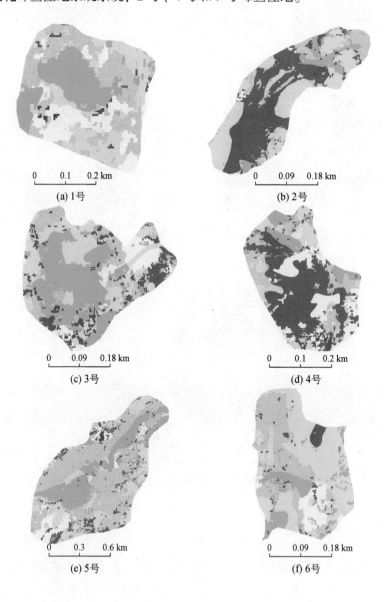

(a) 1号

(b) 2号

(c) 3号

(d) 4号

(e) 5号

(f) 6号

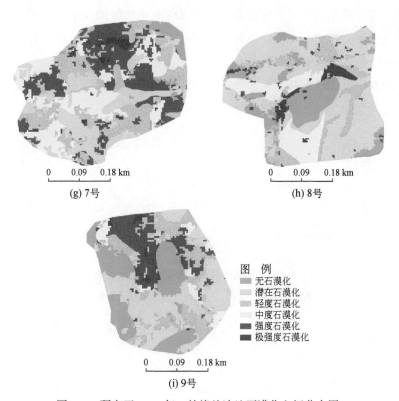

图 7.9　研究区 2015 年 9 处峰丛洼地石漠化空间分布图

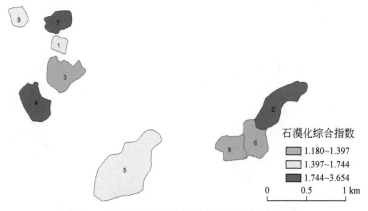

图 7.10　研究区石漠化综合指数空间分布图

7.3.3.3　研究区的石漠化与土地利用

对各峰丛洼地的平坝耕地面积比例和石漠化的关系进行了比较（图 7.11）。平坝耕地面积比例和轻度石漠化、中度石漠化和强度石漠化面积比例的关系并不明显，但平坝耕地面积比例和极强度石漠化、石漠化总面积比例和石漠化综合指数总体上存在一定关系。一般来说，峰丛洼地的平坝耕地面积越大，表示其人口承载力越强，进而农户开垦坡耕地并导致石漠化的发生可能性就相对较低。9 处峰丛洼地中，3 号峰丛洼地存在和上述一般规律明显不一致的现象，说明了石漠化景观成因的多样性。

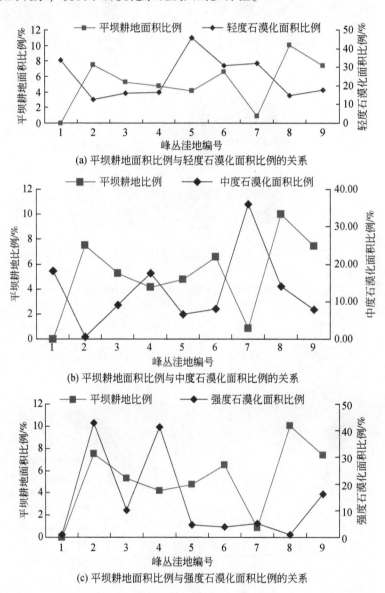

(a) 平坝耕地面积比例与轻度石漠化面积比例的关系

(b) 平坝耕地面积比例与中度石漠化面积比例的关系

(c) 平坝耕地面积比例与强度石漠化面积比例的关系

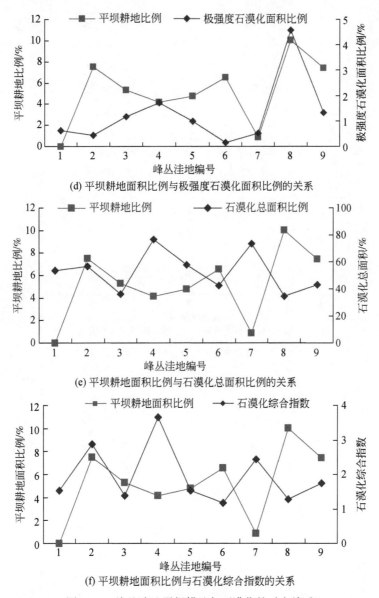

(d) 平坝耕地面积比例与极强度石漠化面积比例的关系

(e) 平坝耕地面积比例与石漠化总面积比例的关系

(f) 平坝耕地面积比例与石漠化综合指数的关系

图 7.11　峰丛洼地平坝耕地与石漠化的对应关系

图 7.12 反映了各峰丛洼地的坡耕地面积比例和石漠化的关系。坡耕地面积比例和轻度石漠化、中度石漠化面积比例存在一定相关关系，但坡耕地面积比例与强度石漠化、极强度石漠化、石漠化总面积比例和石漠化综合指数总体上并不存在规律性的对应关系，说明所研究的峰丛洼地石漠化并不完全是由坡耕地开垦所引起的，也同样说明了所研究峰丛洼地石漠化景观成因的多样性。

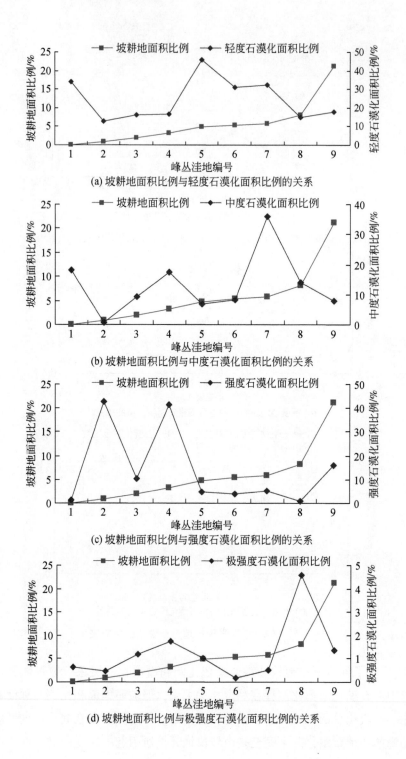

(a) 坡耕地面积比例与轻度石漠化面积比例的关系

(b) 坡耕地面积比例与中度石漠化面积比例的关系

(c) 坡耕地面积比例与强度石漠化面积比例的关系

(d) 坡耕地面积比例与极强度石漠化面积比例的关系

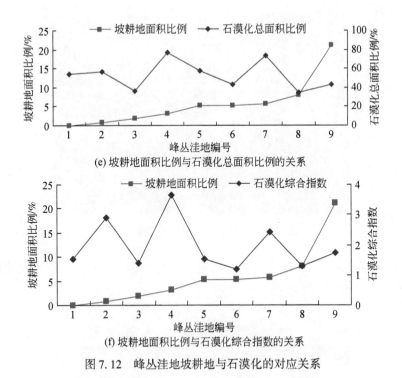

(e) 坡耕地面积比例与石漠化总面积比例的关系

(f) 坡耕地面积比例与石漠化综合指数的关系

图 7.12　峰丛洼地坡耕地与石漠化的对应关系

7.3.4　讨论

7.3.4.1　石漠化发生原因分析

(1) 潜在石漠化强度峰丛洼地景观系统

1）3 号峰丛洼地有聚落，石漠化分布在靠近聚落处，整体景观以无石漠化和潜在石漠化景观为主（图 7.13）。

2）6 号峰丛洼地无聚落，整体景观以轻度石漠化和潜在石漠化景观为主，石漠化为坡地垦殖所致。

3）8 号峰丛洼地无聚落，洼地中平坝耕地面积相对较大；整体以潜在石漠化景观为主，石漠化主要分布在坡麓。

(2) 低石漠化强度峰丛洼地景观系统

1）1 号峰丛洼地无聚落和耕地，主体为林、灌地；峰丛上部坡度较小，已退耕撂荒；整体景观以无石漠化和轻度石漠化为主，生态处于恢复之中（图 7.14）。

2）5 号峰丛洼地有聚落和平坝耕地，整体景观以无石漠化和轻度石漠化为主；现有

图 7.13　3 号峰丛洼地 2017 年的照片

的石漠化以轻度石漠化为主，分布在聚落附近、坡度较缓的坡面，石漠化为坡耕地开垦所致（图 7.15）。

图 7.14　1 号峰丛洼地 2003 年的照片

图 7.15　5 号峰丛洼地 2017 年的照片

3）9 号峰丛洼地有聚落和平坝耕地，整体景观为石漠化、潜在石漠化和无石漠化混杂。石漠化主要分布在坡体下部，以强度石漠化为主，主要由本峰丛洼地中聚落农户开垦坡耕地所引发。

（3）石漠化峰丛洼地景观系统

1）2 号峰丛洼地无聚落，洼地中平坝耕地面积相对较小，强度石漠化在洼地四周坡度较低坡面的中下坡有连片分布，为本峰丛洼地系统的主要景观类型，主要由坡地强烈开垦所致。

2）4 号峰丛洼地无聚落，坡面上石漠化分布集中连片，整体景观以强度石漠化为主，主要由邻近聚落农户坡地垦殖所致。

3）7 号峰丛洼地整体景观以轻度、中度和潜在石漠化为主，石漠化同样分布在坡体下部。本系统无聚落，周边聚落也相距较远，坡面的坡耕地已退耕撂荒，石漠化土地生态处于恢复之中（图 7.16）。

图 7.16　7 号峰丛洼地 2003 年的照片

7.3.4.2　峰丛洼地景观演变阶段

在 7.2 节我们曾提出潜在石漠化峰丛洼地系统和强度石漠化峰丛洼地系统的景观格局、发展模式代表了西南岩溶山地石漠化土地的典型类型。在本节我们把研究区的峰丛洼地景观演变分为 3 个阶段：①低土地利用强度潜在石漠化阶段；②土地利用转型低石漠化强度生态恢复阶段；③不合理土地利用石漠化严重阶段。

一方面，9 处峰丛洼地由于各自的土地资源条件不同，土地承载力各异；另一方面，9 处峰丛洼地系统的土地利用强度不同，受到的不合理人为扰动存在很大差异。因此，9 处峰丛洼地系统土地利用格局和石漠化演变阶段有着各自的特点，一定程度上可以代表当前西南岩溶山地石漠化景观的演变。

　　9 处峰丛洼地的石漠化演变和土地利用存在着紧密的时空耦合关系，低土地利用强度与潜在石漠化景观相对应；弃耕撂荒等土地利用转型和生态恢复与低石漠化强度相对应；强烈的不合理土地利用与严重的石漠化景观相对应。有研究者认为地形因子-人类活动-石漠化是一种耦合关系（白云星和周运超，2019），土地利用变化、土地利用转型会引起相应的石漠化景观演变，因此，9 处峰丛洼地目前所处的 3 个景观演变阶段相互之间存在转化关系（图 7.17），在一定条件下可相互转化，其实质是峰丛洼地土地利用系统及其伴生的石漠化景观，是社会、经济和生态过程相互作用的结果。

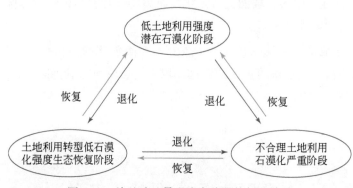

图 7.17　峰丛洼地景观演变阶段的相互关系

7.3.5　结论

　　本节以花江峡谷为例，探讨了峰丛洼地系统的土地利用和石漠化景观特征。峰丛洼地平坝耕地、坡耕地面积比例和石漠化面积比例存在一定相关关系，但峰丛洼地石漠化景观成因具有多样性。峰丛洼地景观演变可分为低土地利用强度潜在石漠化阶段、土地利用转型低石漠化强度生态恢复阶段和不合理土地利用石漠化严重阶段 3 个阶段。

7.4　本章小结

　　本章从县域尺度和峰丛洼地尺度探讨了石漠化景观的空间格局特征及其演变规律。我们认为不同的石漠化格局代表不同的土地退化阶段，也影响石漠化土地治理恢复模式的选择；同时提出峰丛洼地景观演变分为低土地利用强度潜在石漠化阶段、土地利用转型低石漠化强度生态恢复阶段和不合理土地利用石漠化严重阶段。

参 考 文 献

白云星，周运超.2019.贵州省后寨河小流域地形因子、人为干扰与石漠化定量研究 [J]. 生态学报，39（19）：7087-7096.

常学礼，赵爱芬，李胜功.1998.景观格局在沙漠化研究中的作用 [J]. 中国沙漠，18（3）：210-214.

陈起伟.2007.喀斯特石漠化图的成图方法研究 [J]. 贵州教育学院学报（自然科学），18（2）：68-72.

陈起伟，熊康宁，蓝安军.2007.基于"3S"的贵州喀斯特石漠化现状及变化趋势分析 [J]. 中国岩溶，26（1）：37-42.

陈玉福，董鸣.2002.鄂尔多斯高原沙地草地荒漠化景观现状的定量分析 [J]. 环境科学，23（1）：87-91.

傅伯杰，陈利顶，马克明，等.2016.景观生态学原理及应用（第二版）[M]. 北京：科学出版社.

关文彬，谢春华，马克明，等.2003.景观生态恢复与重建是区域生态安全格局构建的关键途径 [J]. 生态学报，23（1）：64-73.

兰安军.2003.基于GIS-RS的贵州喀斯特石漠化空间格局与演化机制研究 [D]. 贵阳：贵州师范大学硕士学位论文.

兰安军，张百平，熊康宁，等.2003.黔西南脆弱喀斯特生态环境空间格局分析 [J]. 地理研究，22（6）：733-741.

李锋.2002.两个典型荒漠化地区景观多样性变化的比较——景观基质的影响 [J]. 生态学报，22（9）：1507-1511.

李阳兵，王世杰，容丽，等.2005.不同石漠化程度岩溶峰丛洼地系统景观多样性的比较 [J]. 地理研究，24（3）：371-378.

李阳兵，邵景安，周国富，等.2007.喀斯特山区石漠化成因的差异性定量研究 [J]. 地理科学，27（6）：785-790.

卢远，华璀，周兴.2002.基于RS和GIS的喀斯特山区景观生态格局 [J]. 山地学报，20（6）：727-731.

吕涛.2002.3S技术在贵州喀斯特山区土地石漠化现状调查中的应用 [J]. 中国水土保持，(6)：26-27.

王瑞江，姚长宏，蒋忠诚，等.2001.贵州六盘水石漠化的特点、成因与防治 [J]. 中国岩溶，20（3）：211-216.

邬建国.2000.景观生态学——格局、过程、尺度与等级 [M]. 北京：高等教育出版社.

肖笃宁.1991.景观空间结构的指标体系和研究方法 [C] //肖笃宁.景观生态学理论、方法及应用.北京：中国林业出版社.

肖笃宁，李秀珍.2003.景观生态学的学科前沿与发展战略 [J]. 生态学报，23（8）：1615-1621.

肖寒，欧阳志云，赵景柱，等.2001.海南岛景观空间结构分析 [J]. 生态学报，21（1）：20-27.

熊康宁，黎平，周忠发，等.2002.喀斯特石漠化的遥感-GIS典型研究——以贵州省为例 [M]. 北京：地质出版社.

张惠远，王仰麟 . 2000. 山地景观生态规划——以西南喀斯特地区为例［J］. 山地学报，18（5）：445-452.

张惠远，蔡运龙，万军 . 2000. 基于 TM 影像的喀斯特山地景观变化研究［J］. 山地学报，18（1）：18-25.

张明 . 2000. 榆林地区脆弱生态环境的景观格局与演化研究［J］. 地理研究，19（1）：30-36.

赵文智 . 2002. 科尔沁沙地人工植被对土壤水分异质性的影响［J］. 土壤学报，39（1）：113-119.

Ahern J. 1999. Integration of landscape ecology and landscape design：An evolutionary process［C］//Wiens I A, Moss M R. Issues in Landscape Ecology. Snowmass Village：International Association for Landscape Ecology, 119-123.

Forman R T T. 1995. Some general principles of landscape and regional ecology［J］. Landscape Ecology, 10（3）：133-142.

Rao K S, Rekha P. 2001. Land use dynamics and landscape change pattern in a typical micro watershed in the mid elevation zone of central Himalaya, India［J］. Agriculture, Ecosystems and Environment, 86：113-123.

Shachak M, Sachs M, Moshe I. 1998. Ecosystem management of desertified shrublands in Israel［J］. Ecosystems, （1）：475-483.

Turner M G, Rucher C. 1988. Changes in landscape patterns in Georgia, USA［J］. Landscape Ecology, 1（4）：241-251.

Wang S J, Zhang D F, Li R L. 2002. Mechanism of rocky desertification in the Karst mountain areas of Guizhou Province, southwest China［J］. International Review for Environmental Strategies, 3（1）：123-135.

Wang S J, Liu Q M, Zhang D F, et al. 2004. Karst rock desertification in southwestern China：Geomorphology, land use, impact and rehabilitation［J］. Land Degradation & Development, 15：115-121.

Yuan D X. 1997. Rock desertification in the subtropical Karst of south China［J］. Zeitschrift für Geomorphologie N. F., 108：81-90.

|第8章| 石漠化的长期演变趋势

喀斯特石漠化是涉及严重土壤侵蚀、基岩高度裸露、土壤生产力大幅度下降和呈现类荒漠景观的土地退化过程 (Wang et al., 2004; Jiang et al., 2014)。已有研究认为，石漠化极敏感区集中分布在贵州西部与南部、广西西部、云南东北部、四川西南部等地区 (刘军会等, 2015)，以贵州省为核心的中国西南岩溶区面临石漠化严重和人口贫困的双重危机 (Cao et al., 2015)。石漠化与居民点分布、人口密度、坡耕地和人口贫困关系密切 (Dou et al., 2017)，人口急剧增长、生态观念薄弱、发展政策偏差等是加剧石漠化过程的重要因素 (宋同清等, 2014)，人类活动叠加在喀斯特特殊的岩性、土壤和植被组合上，显著影响石漠化分布 (许尔琪, 2017)，如玉米的种植与石漠化的发展具有紧密的关系 (韩昭庆, 2015)。

对贵州中部的石漠化演变研究表明，1974~2001 年，其石漠化加剧，年均增加 116.2 km^2 (Huang and Cai, 2007)；对广西的研究表明，2000~2005 年，石漠化仍在增加，尤其是强度石漠化比例上升明显 (Liu et al., 2008)；也有学者认为因生态治理，石漠化的扩张趋势整体上得到控制，但石漠化正向演变与逆向演变并存，又出现了新的石漠化 (Bai et al., 2013)。还有研究认为，石漠化土地退化趋势得到有效遏制，石漠化土地面积已实现由持续增加向"净减少"的重大转变 (张雪梅等, 2017)，如广西地区轻度及以上石漠化土地在民国时期比 2000 年的分布范围广 (韩昭庆等, 2016)。西南岩溶区石漠化演变的总趋势由 21 世纪以前的加剧变化转变为 21 世纪的逐渐减缓，石漠化趋势得到有效遏制 (蒋忠诚等, 2016)。

综上所述，对石漠化的形成原因已有充分的、深入的认识，但对其演变过程和阶段仍缺乏基于长时间序列和高精度影像的比较研究，因此，对石漠化的演变趋势未能做出有说服力的判断，对石漠化未来演变趋势亦缺乏有说服力的预测，也可能进一步影响石漠化治理模式的选择。为准确分析近 50 年来西南喀斯特山地石漠化演变趋势，本研究选择了贵州省 5 个典型岩溶山地区域，基于高分辨航空像片、卫星影像和实地调查访问，探讨了这 5 个地区在近 50 年期间喀斯特石漠化的变化趋势，以回答西南喀斯特山地石漠化的长期演变趋势是否存在转型演变及演变多样性的问题，尤其是在近年来社会经济背景多重变化下的演变趋向等科学问题，并分析石漠化演变的主要类型和空间格局特征，从而为喀斯特山地乡村振兴、人地关系调控和土地利用优化提供参考。

8.1 研究区概况

在贵州典型岩溶区域选择了四周平坝环绕型峰丛洼地群区——普定县后寨河地区，开口型峰丛洼地——清镇市王家寨地区，连续性峰丛洼地、谷地——荔波茂兰自然保护区及其外围，岩溶峰丛洼地——峡谷型贞丰花江峡谷区和岩溶槽谷 5 个不同的地貌、土地资源组合格局区域作为研究对象（图 8.1）。5 个研究区的面积分别为 62.72km²、20.86km²、148.62km²、30.85km²、114.39km²。其中，岩溶槽谷位于黔东北印江县朗溪镇，为一向斜槽谷，地势起伏大，垂直高差超过 900m（陈飞等，2018）。其余 4 个研究区的详细情况见罗光杰等（2011）、李阳兵等（2018，2019）的研究。5 个研究区基本涵盖了我国西南岩溶地区主要自然和社会经济背景类型，是我国西南岩溶山地的典型区域。

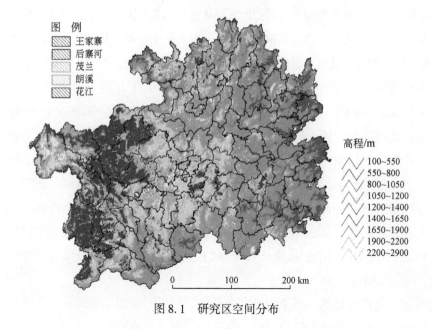

图 8.1 研究区空间分布

8.2 研 究 方 法

8.2.1 数据来源

本研究收集了 5 个研究区较长时期的高清影像和地形图（表 8.1），并以此作为提取研究区不同时期聚落的基本数据源。

表 8.1　研究区不同时期聚落数据源

研究区	1963 年	1978 年/1973 年/1982 年	1990 年	2004 年/2005 年	2010 年/2014 年	2015 年/2017 年
王家寨	航空像片（分辨率 2.5m）	航空像片（分辨率 2.5m）	航空像片（分辨率 2.5m）	SPOT 影像（分辨率 2.5m）	ALOS 影像（分辨率 2.5m）	资源卫星高分影像（分辨率 2.5m）
花江	航空像片（分辨率 2.5m）	航空像片，1∶1 万地形图	航空像片，1∶1 万地形图	SPOT 影像（分辨率 2.5m）	ALOS 影像（分辨率 2.5m）	资源卫星高分影像（分辨率 2.5m）
后寨河	航空像片（分辨率 2.5m）	航空像片（分辨率 2.5m）	航空像片（分辨率 2.5m）	SPOT 影像（分辨率 2.5m）	ALOS 影像（分辨率 2.5m）	资源卫星高分影像（分辨率 2.5m）
茂兰	航空像片（分辨率 2.5m）	航空像片（分辨率 2.5m）	航空像片（分辨率 2.5m）	SPOT 影像（分辨率 2.5m）	ALOS 影像（分辨率 2.5m）	资源卫星高分影像（分辨率 2.5m）
朗溪	航空像片（分辨率 2.5m）	航空像片（分辨率 2.5m）	航空像片（分辨率 2.5m）	SPOT 影像（分辨率 2.5m）	ALOS 影像（分辨率 2.5m）	资源卫星高分影像（分辨率 2.5m）

8.2.2　石漠化识别

已有研究对土地石漠化的判断基本是一致的（李森等，2007；李阳兵等，2014；Xu et al.，2013），本研究在其基础上，采用如下石漠化分类标准（表 8.2）。

表 8.2　研究区不同等级石漠化划分标准

项目	无石漠化	潜在石漠化	轻度石漠化	中度石漠化	强度石漠化	极强度石漠化
岩石裸露率/%	<10	<30	30~50	50~70	70~90	>90
SPOT 影像特征	亮绿色，块状，边界规则，纹理清晰	深绿色，块状	绿色，零星点缀浸染状白色	浅绿色，带星状白色	浅绿色，带斑状白色	连片灰白色
航空像片特征	斑点状灰黑色（林地）；白色、灰白色，质地均一，条块清晰（耕地）	灰色，质地较均一	灰色，质地很不均一	浅灰色，零星点缀灰黑色	浅白色	连片灰白色

　　后寨河研究区 1963 ~ 2015 年的石漠化空间分布图见第 5 章，其他研究区不同时期的石漠化分布如图 8.2 所示。

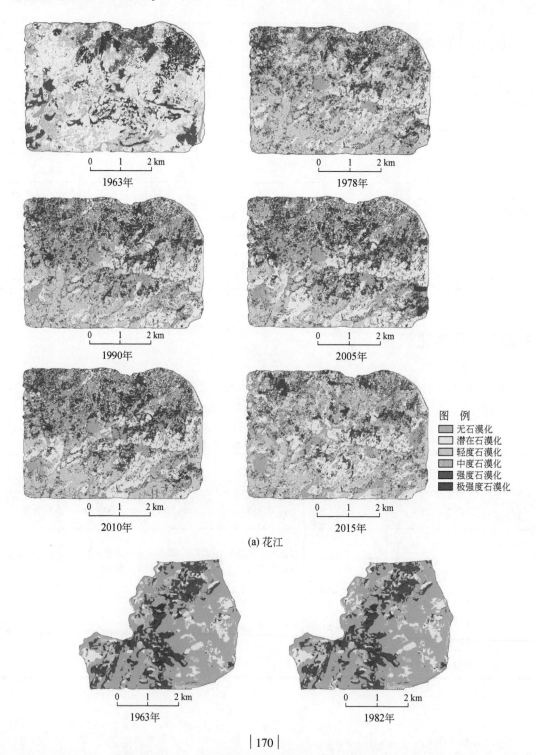

1963年　　　　　　　　　　　　　　　1978年

1990年　　　　　　　　　　　　　　　2005年

图　例
无石漠化
潜在石漠化
轻度石漠化
中度石漠化
强度石漠化
极强度石漠化

2010年　　　　　　　　　　　　　　　2015年

(a) 花江

1963年　　　　　　　　　　　　　　　1982年

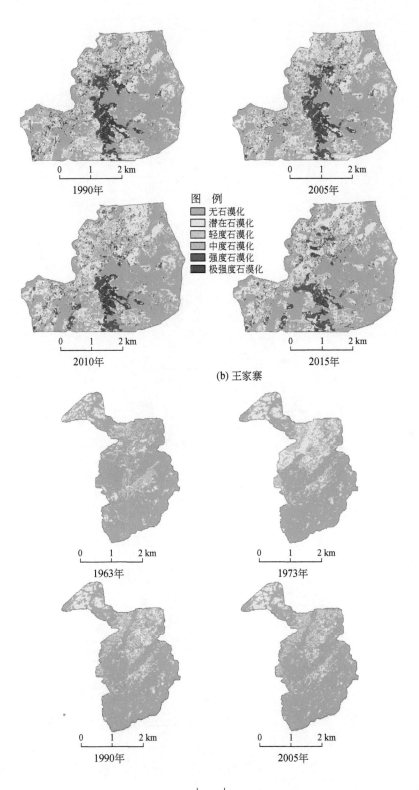

(b) 王家寨

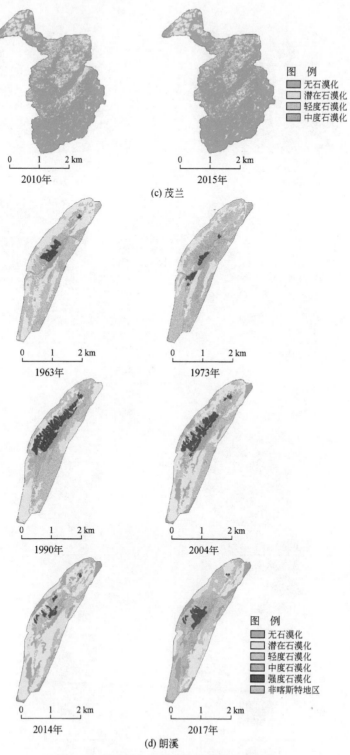

图 8.2　研究区和各时期的石漠化空间分布

8.2.3 指标计算

8.2.3.1 石漠化变化重要性指数

参照土地利用重要性指数（罗娅等，2014），定义了石漠化变化重要性指数，用于筛选石漠化变化的主要类型，其计算公式为

$$C_i = A_i/A \times 100\%$$

$$A = \sum_{i=1}^{n} A_i$$

式中，C_i 为第 i 种石漠化类型的变化重要性指数，取值介于（0,1），C_i 值大，说明该类石漠化变化占据主导地位；A_i 为第 i 类石漠化变化面积（km^2）；A 为该区域各类土地变化面积之和（km^2）。考虑到土地利用变化种类较多，将 C_i 值进行降序排列，取累计之和>80%的作为主要的土地利用变化类型。

8.2.3.2 石漠化变化幅度

石漠化变化幅度（KDTA）反映两个时期（t_1、t_2）石漠化数量形态的相对变化值，其数值的正负表示石漠化变化方向：

$$KDTA = (x_1 - x_2) / S \times 100$$

式中，x_1 为基期研究区石漠化面积；x_2 为末期研究区石漠化面积；S 为区域总面积。

8.2.3.3 石漠化变化动态度

该模型可直观地反映某一石漠化类型变化剧烈程度与速度，也可反映不同类型间变化的差异。其计算公式为

$$K = \frac{U_b - U_a}{U_a} \times \frac{1}{t_2 - t_1} \times 100\%$$

式中，U_a、U_b 分别为研究区初期和末期某一石漠化类型面积；t_1、t_2 分别表示研究时段的初末时间，若 t 设定为年时，K 为该研究区土地利用年综合变化率。

8.2.3.4 石漠化综合指数

定义石漠化综合指数，建立基于石漠化面积比例和等级权重的石漠化综合指数 SDI（李阳兵等，2010）。SDI 值越大反映石漠化程度越严重，其最大值为 8。

8.3 研究区石漠化数量演变

8.3.1 研究区石漠化数量演变趋势

8.3.1.1 整体演变

5个研究区作为一个整体，其不同石漠化类型随时间的演变如图8.3所示。总体上，各时段石漠化面积比例按轻度、中度、强度和极强度石漠化顺序从大到小变化，但随时间的变化趋势存在差异。1963～2015年，石漠化总面积和轻度、中度石漠化面积比例以1980年前后最高，到2004年和2010年逐渐降低，到2015年又有小幅度增加。但强度和极强度石漠化面积比例分别以1990年和2004年最高，到2015年明显降低。

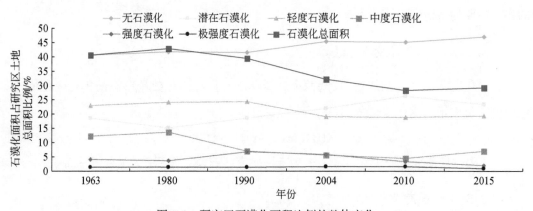

图8.3 研究区石漠化面积比例的整体变化

8.3.1.2 石漠化数量差异化演变

在分析5个研究区作为一个整体的石漠化变化趋势的基础上，进一步讨论各研究区石漠化的差异化演变。茂兰研究区石漠化总面积比例自1963～2015年逐年降低。中度石漠化面积比例以1963年最高，因在20世纪80年代设置了保护区，1990年其石漠化面积比例明显下降，其轻度石漠化面积比例以1990年最高，而后逐年降低（图8.4）。

花江研究区石漠化情况严重（Ying et al.，2014），石漠化总面积占研究区土地面积的一半以上，以1978年最高，存在波动变化。轻度石漠化面积比例与石漠化总面积比例变化趋势一致；中度石漠化面积比例在1963～2010年明显下降，但到2015年又增至

9.50%；强度石漠化面积比例在 1963~2015 年没有明显变化。花江研究区极强度石漠化面积比例较高，其比例从 1963 年的 10.92% 增至 2004 年的 17.48%，到 2010 年无明显变化，到 2015 年下降至 9.85%。

后寨河和王家寨研究区位于贵州中部高原，自然条件和社会经济条件相对较好，石漠化总面积比例从 1963~2015 年一直呈较明显的下降趋势（除 2010 年后寨河石漠化总面积比例略有上升）。后寨河研究区石漠化自 2004 年其明显下降，中度石漠化面积比例自 1963 年来总体上明显下降；轻度石漠化面积比例的变化以 2004 年为拐点，2004 年之前明显下降，但 2004 年之后又有所回升。王家寨研究区的中度、强度和极强度石漠化面积比例从 1963~2015 年呈降低趋势，中度石漠化面积比例在 2010~2015 年略有增加；轻度石漠化面积比例从 1982 年的 7.3% 增加到 2015 年的 12.3%。

在朗溪槽谷区，石漠化总面积比例、中度石漠化面积比例都呈增—减—增的趋势，石漠化总面积比例和中度石漠化面积比例以 1973 年最高，至 2014 年明显下降，至 2017 年两者面积比例又分别增加了 6.51% 和 8.21%。强度石漠化面积比例呈波动变化，以 1990 年为最高；轻度石漠化面积比例自 1963 年来明显下降，以 2014 年最低，2017 年略有增加。

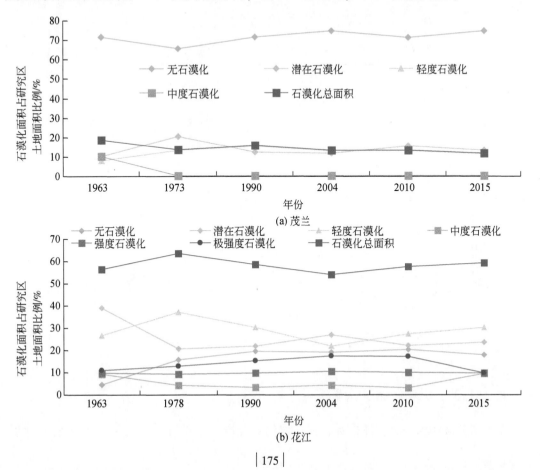

(a) 茂兰

(b) 花江

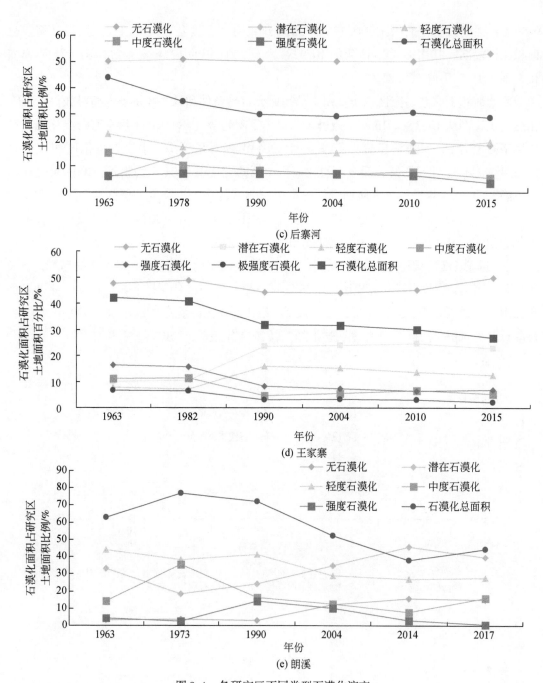

图 8.4　各研究区不同类型石漠化演变

8.3.1.3　石漠化综合指数变化

5 个研究区作为一个整体来看，其石漠化综合指数 SDI 值在 1963～1980 年有所增加，

然后逐年下降，但 5 个研究区的石漠化综合指数变化差异较大（图 8.5）。茂兰地区 SDI
值最低，花江地区 SDI 值最高，朗溪地区 SDI 值总体高于王家寨地区和后寨河地区。茂兰
地区 SDI 值从 1963 年来，除 1990 年略有增加外，持续降低；花江 SDI 值一直较高，以
2010 年最高，2015 年有明显下降；后寨河地区 SDI 值自 1963 年来基本持续下降；王家寨
地区 SDI 值 1963～1980 年变化不大，到 1990 年大幅度下降，随后基本稳定；朗溪地区
SDI 值呈先增后减再增的波动式变化，以 1980 年最高，2010 年最低，到 2015 年略有增
加。5 个研究区 SDI 值的差异变化是与其自然和社会背景紧密相关的。

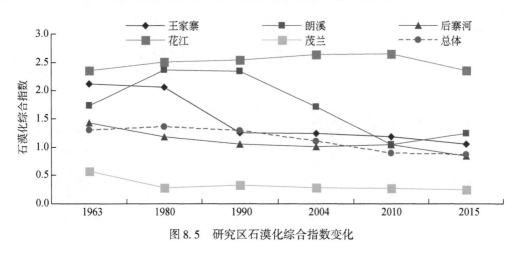

图 8.5　研究区石漠化综合指数变化

8.3.2　石漠化变化的主要类型

以各石漠化类型变化重要性指数来反映不同时间段石漠化的主要变化类型，如图 8.6
所示。在茂兰研究区，1973 年前以中度石漠化变化相对较大，1973～2010 年以轻度石漠
化变化较大，2010～2015 年中度石漠化变化相对较大。

在花江研究区，2010 年前轻度石漠化是主要变化类型，2010 年后，极强度石漠化和
中度石漠化则成为主要的变化类型，轻度石漠化下降；且从 1963～2015 年，强度石漠化
变化很小，极强度石漠化和轻度、中度石漠化的变化波动较大。

在后寨河研究区，2010 年以前，轻度石漠化和中度石漠化是变化的主要类型；2010
年以后，强度石漠化与前二者一起，也成为变化的主要类型。

在王家寨研究区，不同时段石漠化变化主要类型存在较大的变化。1963～1982 年以强
度石漠化和轻度石漠化为主要变化类型，1982～2004 年以中度石漠化、轻度石漠化和强度
石漠化为主要变化类型，2004～2010 年以强度石漠化和中度石漠化为主要变化类型，
2010～2015 年以中度石漠化和极强度石漠化为主要变化类型，其次是强度石漠化，说明在

本研究区，各石漠化类型的面积相对不稳定。

在朗溪研究区，中度石漠化的重要性值较高，轻度石漠化的重要性较低。以 2004 年为拐点，中度和强度石漠化的重要性值呈此消彼长的相反变化。2004 年前，本区的石漠化演变以中度石漠化变化为主；2004 年后，本区的石漠化演变以中度石漠化和强度石漠化变化为主。

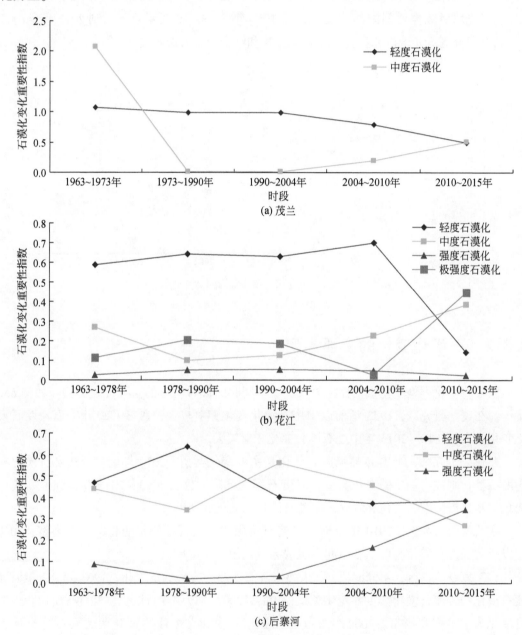

(a) 茂兰

(b) 花江

(c) 后寨河

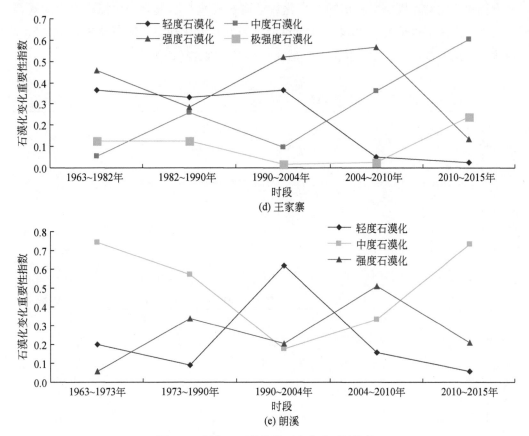

图 8.6　研究区石漠化类型变化重要性指数

8.3.3　石漠化变化的幅度和速度

　　图 8.7 反映了各研究区石漠化总面积数量形态变化的幅度和速度。从变化幅度看，各研究区存在 1980 年和 2004 年两个明显的转折点，1963～1980 年，各区石漠化数量有增有减，又可分 3 种类型：朗溪、花江石漠化明显增加，后寨河石漠化明显下降，茂兰和王家寨的石漠化下降不明显。在 1980～2004 年，5 个研究区的石漠化基本都表现为下降，又以朗溪的石漠化下降最明显，其次是花江。2004 年后的石漠化数量演变总体以继续下降为主，但个别地点石漠化数量增加，呈现出多样化演变；如 2004～2010 年，花江、后寨河石漠化数量表现出增加，其余 3 个研究区石漠化数量下降，又以朗溪石漠化数量下降最明显；2010～2015 年（2017 年），朗溪和花江石漠化数量表现出增加，其余 3 个研究区石漠化数量下降。

石漠化变化动态度所反映出的石漠化数量演变规律与石漠化变化幅度揭示的规律一致。另外，图8.7也反映了2014～2017年朗溪槽谷石漠化动态度明显高于其余各区和其余时段，即此时段石漠化增加速度快，后面将对其原因进行详细分析。

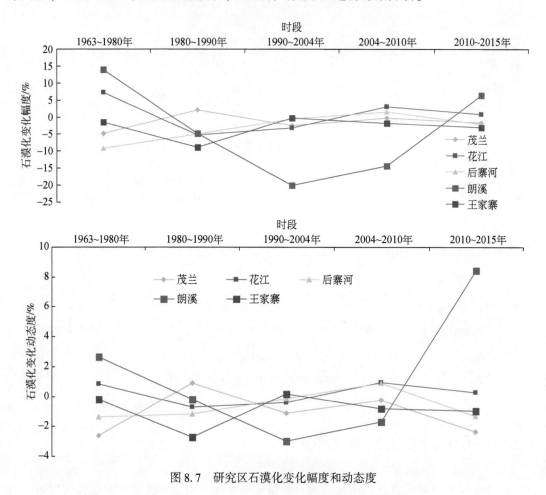

图8.7 研究区石漠化变化幅度和动态度

8.4 研究区石漠化空间演变

8.4.1 1963～2015年石漠化空间分布演变

利用移动窗口法（200m×200m窗口），对比了各研究区1963～2015年石漠化的空间分布变化。

图 8.8 反映了花江峡谷区 1963～2015 年在微空间单元尺度上（200m×200m）石漠化的增减空间分布变化情况。其中，轻度石漠化以研究区中部的板围—纳堕一线为界，界线以北轻度石漠化以减为主，界线以南轻度石漠化以增为主，此期间变化明显；中度石漠化空间变化趋势正好相反；强度石漠化增减并存，其增加的空间基本是采石场较多的区域（图 8.9）；极强度石漠化总体上以减弱为主。

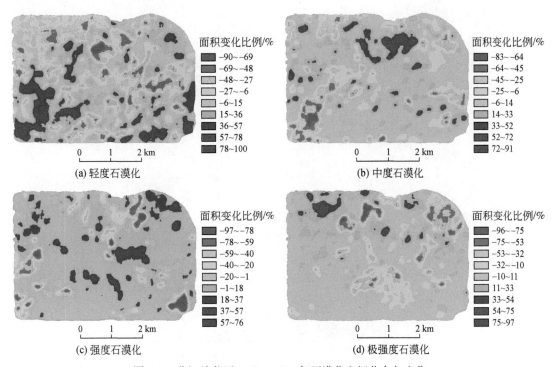

(a) 轻度石漠化　　　　　　　　　　　　　　　　(b) 中度石漠化

(c) 强度石漠化　　　　　　　　　　　　　　　　(d) 极强度石漠化

图 8.8　花江峡谷区 1963～2015 年石漠化空间分布与变化

图 8.9　花江峡谷区采石场照片

图 8.10 反映了后寨河研究区 1963～2015 年在微空间单元尺度上（200m×200m）石漠化的增减空间分布变化情况。在研究区的中部，轻度石漠化以增加为主，主要为中度石漠化、强度石漠化转化而来；中度石漠化以减少为主，局部地点有所增加；强度石漠化有 2 处发生明显变化，西北处减少，东南丘陵沟谷地带局部有所增加。

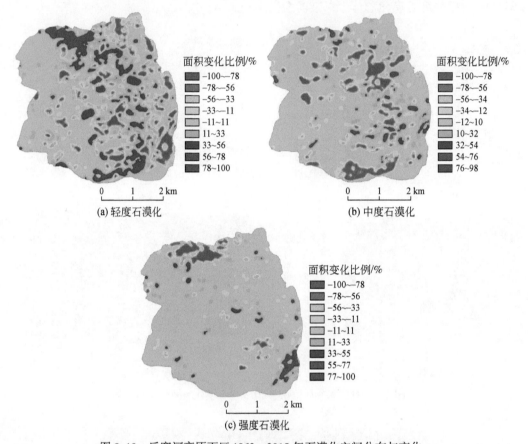

图 8.10　后寨河高原面区 1963～2015 年石漠化空间分布与变化

图 8.11 反映了王家寨研究区 1963～2015 年在微空间单元尺度上（200m×200m）石漠化增减的空间分布变化情况。轻度石漠化和中度石漠化增减在空间上并存；强度石漠化以减少为主；研究区中部峰丛的强度石漠化和极强度石漠化分布以减少为主，但近年的采石、高速道路建设等活动也使局部地点的强度石漠化和极强度石漠化有所增加。

图 8.12 反映了茂兰研究区 1963～2015 年在微空间单元尺度上（200m×200m）石漠化增减的空间分布变化情况。轻度石漠化的增减空间异质性十分明显，其中，保护区的核心区以减少为主，而保护区缓冲区的部分区域轻度石漠化有所增加，结合中度石漠化的空间增减来看，增加的轻度石漠化主要由中度石漠化转化而来。

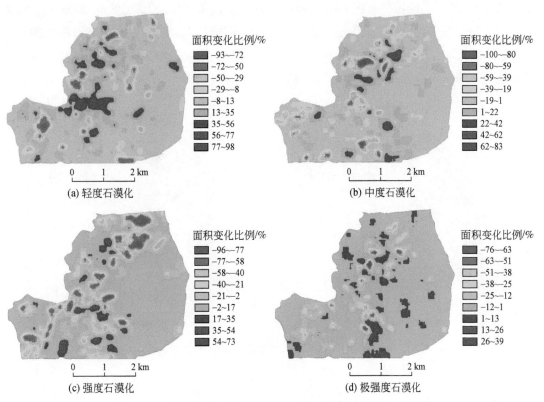

图 8.11　王家寨高原面区 1963～2015 年石漠化空间分布与变化

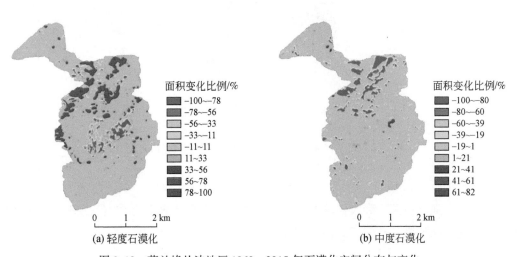

图 8.12　茂兰峰丛洼地区 1960～2015 年石漠化空间分布与变化

图 8.13 反映了朗溪研究区 1963～2015 年在微空间单元尺度上（200m×200m）石漠化增减的空间分布变化情况。研究区轻度石漠化的空间分布以减少为主，中度石漠化的空间分布以增加为主，强度石漠化的空间分布表现为减少；研究区增加的石漠化往往是由上一等级转化而来，研究区从整体来看石漠化程度表现为减轻。

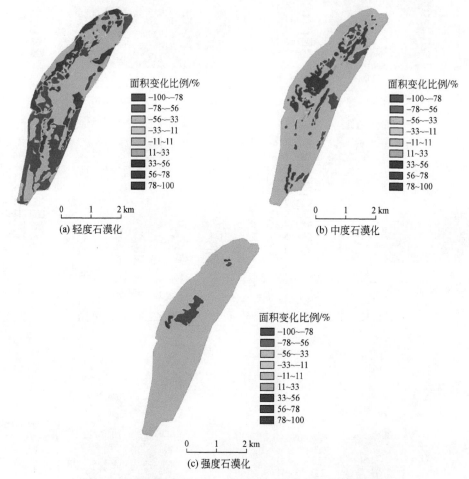

图 8.13　朗溪槽谷区 1963～2015 年石漠化空间分布与变化

上述 5 个研究区 1963～2015 年的石漠化空间分布变化表明，中国西南岩溶山地的石漠化，尤其是强度石漠化和极强度石漠化，空间分布上总体表现为收缩，反映了石漠化演变过程中从空间扩张到空间退缩的空间转型。

8.4.2　各研究区石漠化变化主要类型的空间分布演变

为了反映 5 个研究区各时期石漠化空间分布格局的变化，采用移动窗口法（200m×

200m），绘制了各研究区石漠化变化主要类型的面积比例分布图（图 8.14）。从空间分布上看，茂兰地区的轻度石漠化退缩于西北的缓冲区，保护区核心区的轻度石漠化减少；花江地区的强度石漠化由集中连片逐渐转化成离散分布；后寨河中度石漠化和王家寨强度石漠化在空间分布上同样表现为收缩；朗溪中度石漠化空间上表现为先扩张再收缩，近年来又有所扩张。

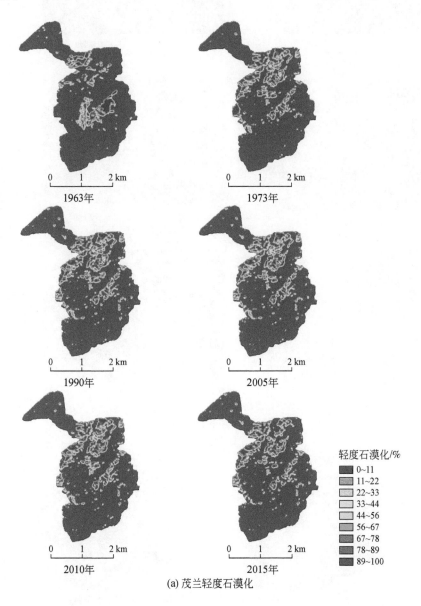

(a) 茂兰轻度石漠化

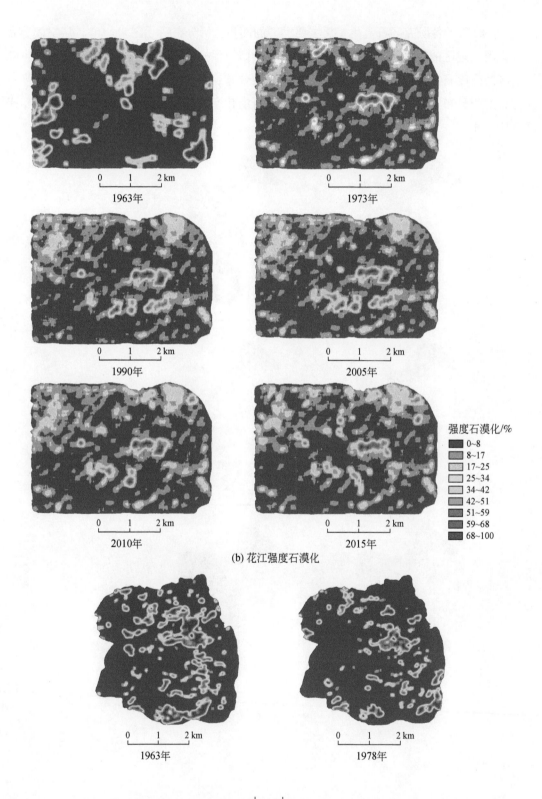

0   1   2 km
1963年

0   1   2 km
1973年

0   1   2 km
1990年

0   1   2 km
2005年

强度石漠化/%
0~8
8~17
17~25
25~34
34~42
42~51
51~59
59~68
68~100

0   1   2 km
2010年

0   1   2 km
2015年

(b) 花江强度石漠化

0   1   2 km
1963年

0   1   2 km
1978年

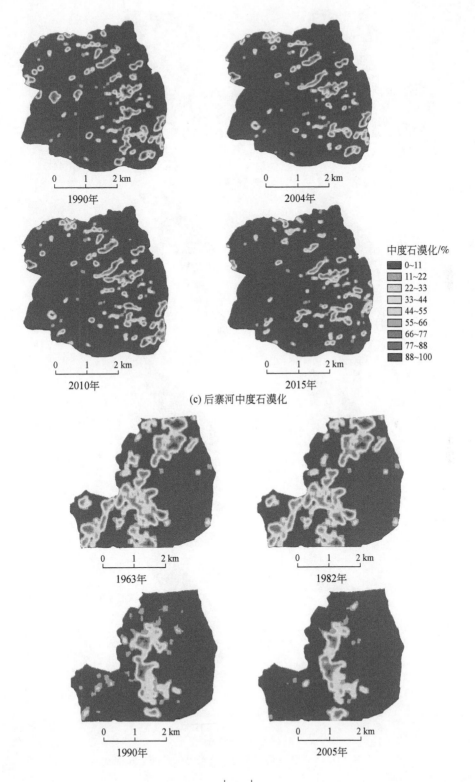

(c) 后寨河中度石漠化

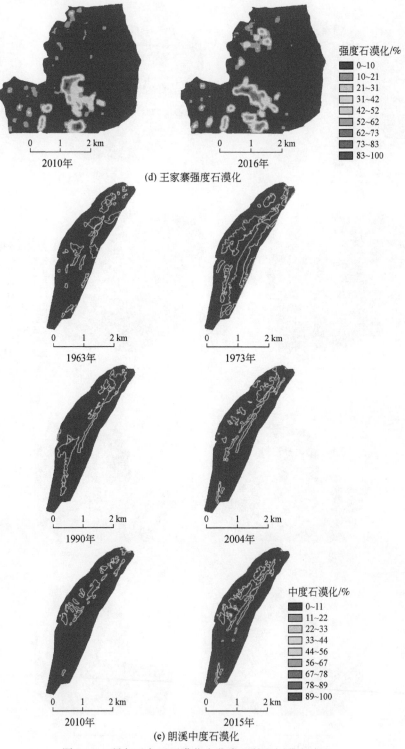

(d) 王家寨强度石漠化

(e) 朗溪中度石漠化

图 8.14 研究区主要石漠化变化类型的空间分布演变

8.4.3 石漠化景观多样性指数的空间分布演变

花江峡谷区石漠化严重，以石漠化景观为基质，1963～2015 年，石漠化景观多样性指数总体上表现为由低到高（图 8.15）。原因在于空间上原来是由某一石漠化类型占主导地位，石漠化集中连片，类型单一，表现为多样性较低；随着石漠化土地生态不断恢复，空间单元上高等级石漠化类型不断转化为其他石漠化土地类型，空间单元上石漠化类型增加，不同等级石漠化斑块相互镶嵌，表现为石漠化景观多样性较高。因此，可以认为，花江峡谷区原本以石漠化景观为基质，其石漠化景观多样性指数的增加，实际上代表了空间单元上生态呈不断恢复的趋势。

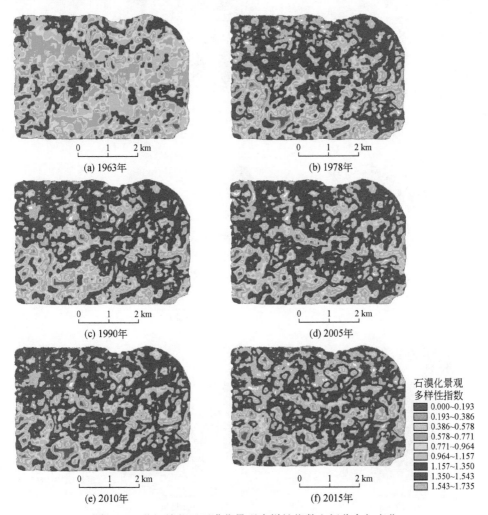

图 8.15 花江峡谷区石漠化景观多样性指数空间分布与变化

后寨河地区石漠化景观多样性指数空间对比明显，其西部的平坝地区以无石漠化和潜在石漠化为主，石漠化景观多样性指数低；中东部地貌为溶丘沟谷，石漠化景观多样性指数相对较高。受研究区地貌特征影响，石漠化景观与无石漠化景观镶嵌分布，50 余年来，石漠化景观多样性指数在空间上也形成了有增有减的多种变化模式（图 8.16）。后寨河地区总体上石漠化景观面积下降，1963 年、1978 年、1990 年、2005 年、2010 年和 2015 年石漠化景观多样性指数的平均值分别为 0.5432、0.5485、0.5397、0.5384、0.5518和 0.5355。

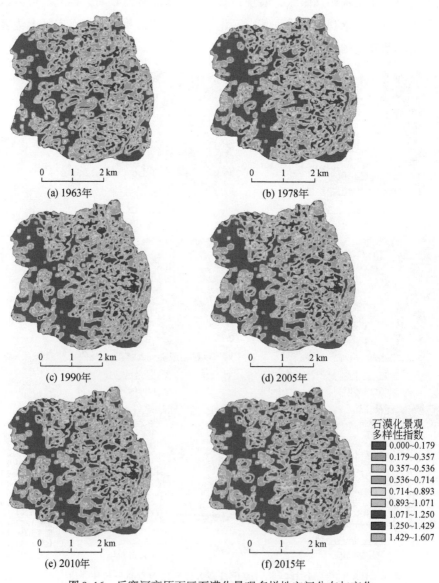

图 8.16　后寨河高原面区石漠化景观多样性空间分布与变化

王家寨研究区为贵州高原面上的溶丘洼地地貌，中部为峰丛，西部为溶丘沟谷，东部为缓丘坝地，中西部的石漠化景观多样性指数高于东部。总体上中西部的石漠化景观多样性指数经历了低—高—低的变化过程模式，对应着研究区中西部由石漠化景观为主到混合景观再到无石漠化景观的变化过程（图 8.17）。

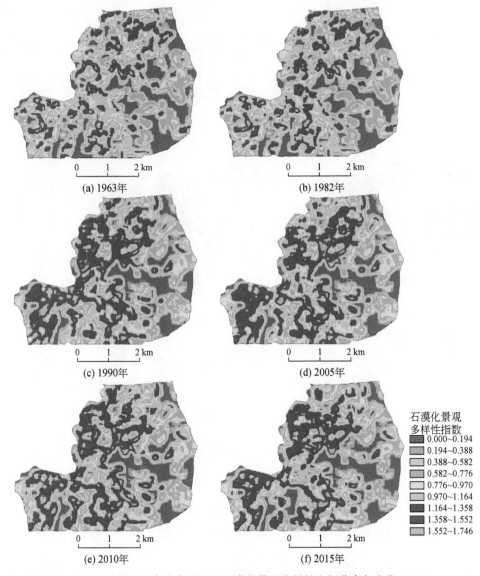

图 8.17　王家寨高原面区石漠化景观多样性空间分布与变化

　　茂兰研究区以无石漠化景观为基质，石漠化景观多样性指数较低。1963～2015 年，研究区石漠化景观多样性指数较高的区域面积总体上在减少，反映了研究区生态恢复的过程；特别是在人为扰动较大的区域，原本石漠化景观多样性指数较高，随人为扰动减弱，由破碎的多种景观恢复成单一的森林植被景观，石漠化景观多样性指数下降明显（图8.18）。

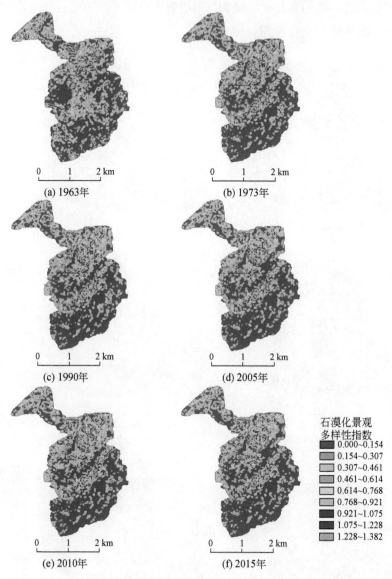

图8.18　茂兰峰丛洼地区石漠化景观多样性空间分布与变化

　　朗溪槽谷区为两山夹一槽的向斜成谷地貌。两侧坡面，尤其是坡度较大的东侧坡面景观较为单一，常为连片的轻中度石漠化景观，图斑面积较大。因此，该研究区即使石漠化景观恢复成潜在石漠化或无石漠化后，石漠化景观多样性指数仍无明显变化（图8.19）。从这点看，槽谷区石漠化景观多样性指数变化不能明显反映出槽谷区石漠化景观的演变。

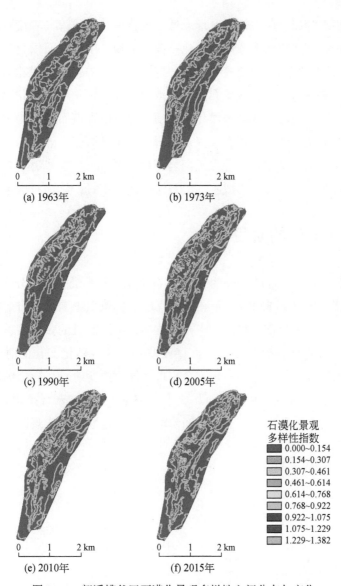

图 8.19　朗溪槽谷区石漠化景观多样性空间分布与变化

8.5　讨　论

8.5.1　石漠化演变模式的多样性

从各研究区 1963 年来石漠化的数量比例变化、变化重要性、变化幅度和速度及空间分布多样性等可以总结出，茂兰研究区形成低石漠化—持续下降—轻度石漠化为主—小幅度缓慢演变模式；花江研究区形成高石漠化—波动下降—中强度石漠化为主—较大幅度明显演变模式；后寨河研究区形成较高石漠化—持续下降—中轻度石漠化为主—小幅度转型缓慢演变模式；王家寨研究区形成低石漠化—持续下降—中强度石漠化为主—小幅度转型缓慢演变模式；朗溪研究区形成高石漠化—波动下降—中强度石漠化为主—大幅度快速演变模式，其近年石漠化增加的原因在于很多已撂荒多年且演变成灌丛的承包地，现以土地流转的方式被重新垦殖为果园等，导致近期岩石裸露增加。综上所述，5 个研究区因自然条件和社会经济背景不同，分别形成不同的石漠化演变模式，体现石漠化演变的多样性。

8.5.2　石漠化演变的阶段性

5 个研究区作为一个整体自 1963 年以来其石漠化演变又进一步可分为增加阶段、下降阶段和多样化演变阶段（图 8.20），可在一定程度上反映出中国西南岩溶山地石漠化演变的共性和一般特征。石漠化演变模式的多样性体现在不同时段的多样性、不同地域的多样性，但因各地的自然背景和社会经济因素存在差异，其石漠化变化的时间节点、变化规模、变化类型必然存在差异，也不一定就会出现多样化演变阶段，从而体现出石漠化演变在不同时段和不同地域的多样性。进而从 5 个研究区 50 余年来石漠化的演变过程来看，我们认为，岩溶山地石漠化的存在是有时间阶段性的，这取决于宏观的社会经济背景和乡村地域特性。

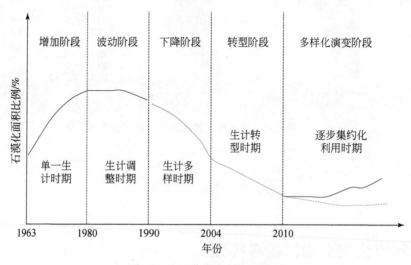

图 8.20　石漠化演变阶段模型

8.5.3 石漠化演变的转型性

从乡村尺度来看，大量和快速增长的人口、不可持续土地利用形成强烈的土地压力，诱发了石漠化（Yan and Cai, 2015）。但从 1978 年经济改革开放以来，农村人口大量流失，中国从依附土地的农业社会转变成城市和工业社会，从而引起中国土地利用转型（Chen et al., 2014）；而在岩溶山地，则意味着石漠化程度减轻（Yang et al., 2014）。本研究发现 1980 年西南岩溶山地石漠化开始出现或增或减的变化，2004 年则是西南岩溶山地石漠化由增到减的拐点。1963～2015 年，石漠化演变经历了由增到减的转型，包括石漠化面积由增到减的转型、石漠化等级由高到低的类型转型、石漠化空间分布由集中连片到离散的空间分布转型。

宏观上，这与中国 1978 年改革开放以来社会经济的发展是分不开的，体现了石漠化土地的可逆转性和可恢复治理性。同时，岩溶山地的这种土地利用变化与生态恢复，在国外岩溶山地同样存在，如原本植被稀疏的经典喀斯特地区的景观特性在 1763～2012 年发生了变化，森林面积比例从 17% 增长到 73%（Kaligarič and Ivajnšič, 2014）。同时，本研究也发现，不同类型的石漠化都可以成为石漠化演变的主要类型，不论是轻度石漠化、中度石漠化，还是强度石漠化、极强度石漠化，其增减都可以成为石漠化变化的主要形式，说明石漠化演变是可逆转的，石漠化土地是可恢复治理的。

8.6 本章小结

本章基于贵州省 5 个典型岩溶地貌区 50 余年的高分辨率遥感影像和实地调查，探讨了在社会经济背景多重变化下的岩溶石漠化演变趋向等科学问题，得到以下几点结论。

1）5 个研究区作为一个整体来看，其石漠化程度在 1963～1980 年有所增加，然后逐年下降。可进一步分为增加阶段、下降阶段和多样化演变阶段，可在一定程度上反映出中国西南岩溶山地石漠化演变的共性和一般特征。

2）各研究区 1963 年来石漠化的数量比例变化、变化重要性、变化幅度和速度等反映了石漠化演变模式不同时段的多样性、不同地域的多样性。

3）5 个研究区主要石漠化变化类型在空间分布上主要表现为收缩，仅局部区域有所扩张。

参 考 文 献

陈飞，周德全，白晓永，等 . 2018. 典型喀斯特槽谷区石漠化时空演变及未来情景模拟 [J]. 农业资源与环境学报, 35 (2): 174-180.

韩昭庆. 2015. 清中叶至民国玉米种植与贵州石漠化变迁的关系 [J]. 复旦学报 (社会科学版), 4: 91-99.

韩昭庆, 冉有华, 刘俊秀, 等. 2016. 1930s ~ 2000 年广西地区石漠化分布的变迁 [J]. 地理学报, 71 (3): 390-399.

蒋忠诚, 罗为群, 童立强, 等. 2016. 21 世纪西南岩溶石漠化演变特点及影响因素 [J]. 中国岩溶, 35 (5): 461-468.

李森, 董玉祥, 王金华. 2007. 土地石漠化概念与分级问题再探讨 [J]. 中国岩溶, 26 (4): 279-284.

李阳兵, 王世杰, 程安云, 等. 2010. 基于网格单元的喀斯特石漠化评价研究 [J]. 地理科学, 30 (1): 98-102.

李阳兵, 罗光杰, 王世杰, 等. 2014. 典型峰丛洼地耕地、聚落及其与喀斯特石漠化的相互关系 [J]. 生态学报, 34 (9): 2195-2207.

李阳兵, 李睿康, 罗光杰, 等. 2018. 贵州典型峰丛洼地区域近 50 年村落演变规律及驱动机制 [J]. 生态学报, 38 (7): 2523-2535.

李阳兵, 李珊珊, 徐倩, 等. 2019. 西南岩溶山地石漠化近 50 年演变——基于 5 个地点的案例研究 [J]. 生态学报, 39 (22): 8526-8538.

刘军会, 高吉喜, 马苏, 等. 2015. 中国生态环境敏感区评价 [J]. 自然资源学报, 30 (10): 1607-1616.

罗光杰, 李阳兵, 王世杰, 等. 2011. 岩溶山区景观多样性变化的生态学意义对比——以贵州四个典型地区为例 [J]. 生态学报, 31 (14): 3882-3889.

罗娅, 杨胜天, 刘晓燕, 等. 2014. 黄河河口镇—潼关区间 1998 ~ 2010 年土地利用变化特征 [J]. 地理学报, 69 (1): 42-53.

宋同清, 彭晚霞, 杜虎, 等. 2014. 中国西南喀斯特石漠化时空演变特征、发生机制与调控对策 [J]. 生态学报, 34 (18): 5328-5341.

许尔琪. 2017. 基于地理加权回归的石漠化影响因子分布研究 [J]. 资源科学, 39 (10): 1975-1988.

张雪梅, 王克林, 岳跃民, 等. 2017. 生态工程背景下西南喀斯特植被变化主导因素及其空间非平稳性 [J]. 生态学报, 37 (12): 4008-4018.

Bai X Y, Wang S J, Xiong K N. 2013. Assessing spatial-temporal evolution processes of Karst rocky desertification land: Indications for restoration strategies [J]. Land Degradation & Development, 24: 47-56.

Cao J H, Yuan D X, Tong L Q, et al. 2015. An overview of Karst ecosystem in Southwest China: Current state and future management [J]. Journal of Resources and Ecology, 6 (4): 247-256.

Chen R S, Ye C, Cai Y L, et al. 2014. The impact of rural out-migration on land use transition in China: Past, present and trend [J]. Land Use Policy, 40: 101-110.

Dou H T, Zhen L, Li H P. 2017. Spatial distribution characteristics of rocky desertification in Qiandongnan Prefecture of Guizhou Province [J]. Journal of Resources and Ecology, 8 (4): 422-432.

Huang Q H, Cai Y L. 2007. Spatial pattern of Karst rock desertification in the Middle of Guizhou Province, Southwestern China ［J］. Environmental Geology, 52: 1325-1330.

Jiang Z C, Lian Y Q, Qin X Q. 2014. Rocky desertification in Southwest China: Impacts, causes, and restoration ［J］. Earth Science Reviews, 132: 1-12 .

Kaligarič M, Ivajnšič D. 2014. Vanishing landscape of the "classic" Karst: changed landscape identity and projections for the future ［J］. Landscape and Urban Planning, 132: 148-158.

Liu Y S, Wang J Y, Deng X Z. 2008. Rocky land desertification and its driving forces in the Karst areas of rural Guangxi, Southwest China ［J］. Journal of Mountain Science, 5: 350-357.

Wang S J, Liu Q M, Zhang D F. 2004. Karst rocky desertification in Southwestern China: Geomorphology, land use, impact and rehabilitation ［J］. Land Degradation & Development, 15 (2): 115-121.

Xu E Q, Zhang H Q, Li M X. 2013. Mining spatial information to investigate the evolution of Karst rocky desertification and its human driving forces in Changshun, China ［J］. Science of the Total Environment, 458-460: 419-426.

Yan X, Cai Y L. 2015. Multi-scale anthropogenic driving forces of Karst rocky desertification in southwest China ［J］. Land Degradation & Development, 26: 193-200.

Yang Q Y, Jiang Z C, Yuan D X. 2014. Temporal and spatial changes of Karst rocky desertification in ecological reconstruction region of Southwest China ［J］. Environmental Earth Sciences, 72: 4483-4489.

Ying B, Xiao S Z, Xiong K N, et al. 2014. Comparative studies of the distribution characteristics of rocky desertification and land use/land cover classes in typical areas of Guizhou Province, China ［J］. Environmental Earth Sciences, 71: 631-645.

| 第 9 章 |　　社会经济背景转型与石漠化转型演变研究——以贵州省为例

石漠化的发生有一定社会经济背景；社会经济背景演变，必然会导致石漠化的发展发生相应的变化。例如，有研究证明，在生态重建阶段，石漠化减轻，非石漠化面积增加（Yang et al.，2014）；再如，Xu（2013）等研究发现长顺县2000～2010年，尽管此期间局部区间石漠化仍然有恶化，但石漠化面积和类型总体均呈减少趋势；Liao等（2013）研究发现，生态恢复计划使大量的耕地转成林地，改善了生态系统健康。以上众多研究证明了中国西南岩溶山地石漠化减缓的趋势。因此，本章将在前人研究基础上，重新思考石漠化的发生机制和演变途径，并在深入分析当前社会经济背景变化基础上，对石漠化的未来演变趋势进行预测，这对西南岩溶山地石漠化的进一步防治具有重要意义。基于此，本章将进一步以贵州东北的槽谷区域为例，在区域尺度、县域尺度、槽谷尺度和村域尺度上探讨石漠化的时空演变，验证本研究提出的石漠化演变转型理论。

9.1　石漠化转型演变理论分析

9.1.1　石漠化发生发展的理论假设

石漠化是岩溶山地人口增加打破了低土地承载力和低生产力背景下维系的脆弱平衡，而发生的土地退化。石漠化土地发生扩展的本质原因是未能在沉重的人口压力和脆弱生态环境之间找到一种恰当的土地利用方式，其实质就是在低土地承载力背景下，过伐、过垦、过牧的土地利用方式。石漠化的演变过程正是岩溶山地乡村人地关系的映射。乡村贫穷和石漠化存在着紧密的负指数相关关系，意味着高石漠化区域农户收入相当低（Liu et al.，2008），要摆脱经济贫困-生态恶化的恶性循环，需从石漠化的形成原因入手，加快改变人的行为模式和生产方式。在第2章中我们探讨了岩溶山地石漠化发生的情景机制，本章将对石漠化的社会经济背景，做进一步的深入探讨。

9.1.1.1 石漠化形成发展的驱动因子

喀斯特石漠化的人为驱动力可从宏观社会经济环境和乡村2个尺度来进行分析（图9.1），在乡村地区尺度，人口和强烈的土地利用及其相互之间的正反馈是喀斯特石漠化的驱动力；而乡村地区的宏观社会经济环境，如户口、沿海优先发展战略和家庭联产承包责任制对喀斯特石漠化也存在着一定的影响（Chen et al.，2014）。石漠化形成发展的驱动因子可归纳为人口不能自由流动、农户依赖于土地、农户生计单一化等因素，这些因素的共同作用导致岩溶山地开荒垦殖面积不断扩大，形成越垦越穷、越穷越垦和石漠化土地不断扩展的恶性循环。

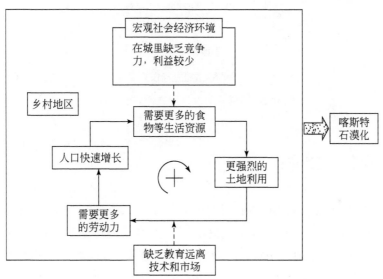

图9.1　喀斯特石漠化的人为驱动力分析框架

资料来源：Chen et al.，2014

9.1.1.2 石漠化逆转减轻的驱动因子

近年来，随着城镇化、工业化大趋势和城乡一体化发展等对农村的冲击，以及在推进新农村建设、生态建设、乡村经济转型发展等多重背景影响下，一方面，近年岩溶山地农村人口流失，农村人口压力减小；另一方面，农户生计多样性增加（打工等非农就业），调整了农业生产结构（种植果树、经济作物，土地撂荒等）。所有这些变化，促进了农户生计转型与多样化生计（Zhang et al.，2016），农户对土地资源的依赖程度减轻，对坡耕地由曾经单一的玉米种植转向多功能利用，土地功能发生了转型。

本书在第2章提出了喀斯特石漠化形成系统模型，但此理论只在岩溶山地传统的低效农业背景下，在农户为单一农业生计时才成立。当前农民对农业生产与农村土地的依赖性正经历着由强渐弱的演变过程，必然会使岩溶山地人地关系模型出现新变化，形成岩溶山地石漠化演变的新趋势，即石漠化由扩展转向收缩，生态逐渐恢复（图 9.2）。石漠化转型演变的驱动因子可归纳为人口自由流动、农户生计多样化和乡村土地利用转型等因素。

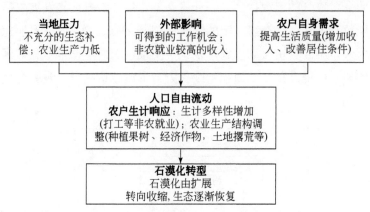

图 9.2　石漠化对农户生态计演变的响应

9.1.2　石漠化演变途径

英国利兹大学地理学家 Grainger 于 1995 年在 Mather 启发下从国家土地利用形态（national land use morphology）变化角度提出了"土地利用转型"（land use transition）概念。宋小青（2017）把土地利用转型的解释框架综合为社会-生态负反馈或社会-经济动态。前者是指因生态系统服务供给下降或关键资源耗竭引起的自然覆被，如森林向人工生态系统转换趋缓甚至转而恢复，是土地利用转型的内生动力。后者是指独立于生态系统之外的经济现代化、不同类型土地的地租相对变化、土地所有制结构变化、全球贸易发展等所致的自然恢复，是土地利用转型的外生动力（Lambin and Meyfroidt，2010）。参考土地利用转型理论，基于"岩溶山区土地利用及其相应的石漠化景观是社会、经济和生态过程相互作用的动态结果"的认识，我们认为喀斯特石漠化在发展到一定阶段后，随着社会经济背景的演变和石漠化驱动因素的变化、消失，石漠化面积扩张的趋势会发生根本性的转折，即石漠化转型，会形成国家层面和农户层面两条演变途径。

9.1.2.1　社会-生态负反馈

石漠化面积不断扩大，威胁区域生态安全和社会发展，政府会从国家层面上积极推动石漠化治理，一定阶段后石漠化面积将会逐渐减少（图9.3）。

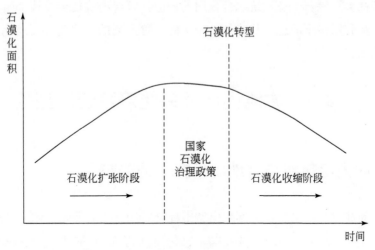

图 9.3　石漠化社会-生负反馈态示意图

9.1.2.2　社会-经济动态反馈

在工业化、城镇化革新的外部环境变化和山区农村社会-生态系统要素变化的共同驱动下，山区农村土地的人为扰动得以减轻，引发土地利用形态发生显著变化，由农业社会的土地过度开垦和林地收缩演变为耕地撂荒及边际化、林地扩张和自然植被恢复等（张佰林等，2018），从而使石漠化由扩张演变转型为收缩演变（图 9.4）。石漠化转型是土地利

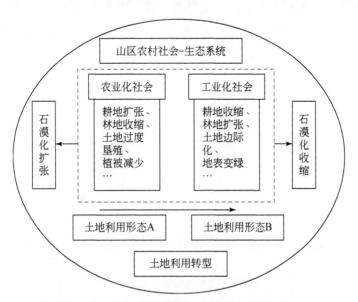

图 9.4　石漠化演变的社会-经济动态反馈示意图

用系统对经济社会发展与生态系统综合作用的响应,符合经济社会发展和生态系统演化的总体趋势。土地利用转型的总体趋势是可确定的、可预测的,因此,石漠化演变趋势也是可确定和可预测的。

9.2 岩溶山地社会经济背景转型

9.2.1 农村人口转移与土地利用变化的趋势

世界发展的规律是由乡村社会逐步向城市社会转型、由农业经济向非农经济转型(李玉恒等,2018)。2011年,中国农村人口非农化比例高达51.69%,这意味着超过一半的农村人口离开农村从事非农活动(龙冬平等,2014)。改革开放以来,中国粮食生产经历了以粮为纲—农业结构调整—综合转型—城乡互动的四个转型阶段(戈大专等,2019)。中国粮食生产转型是社会经济转型期,尤其是乡村转型发展的一个缩影,转型过程复杂且影响深远。已有研究表明,在20世纪90年代,中国森林已经发生转型(Wang et al.,2019),从长远来看,农业土地的边际化是森林转型的重要驱动力。

在贵州省,自2000年来,在总人口保持平稳的背景下,乡村人口逐年下降(图9.5);农作物播种总面积波动增长(图9.6),但茶园、果园面积自2006年后增长迅速(图9.7);农村居民家庭的收入多样性增加,主要食品消费量有所下降(图9.8、图9.9)。社会经济的这些变化,必然会引起乡村土地利用变化(图9.10),引起生态系统的相应反馈(图9.11),从而引起石漠化演变发生变化。

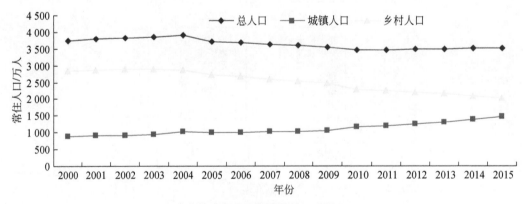

图9.5 贵州省城乡人口变化

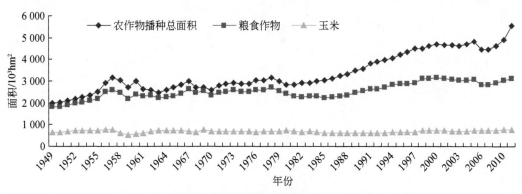

图 9.6　贵州省农作物种植结构变化

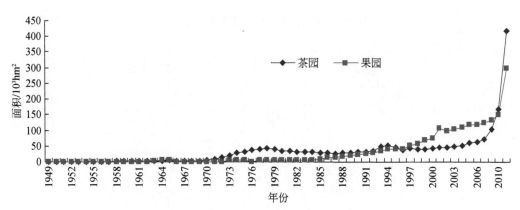

图 9.7　贵州省茶园、果园种植面积变化

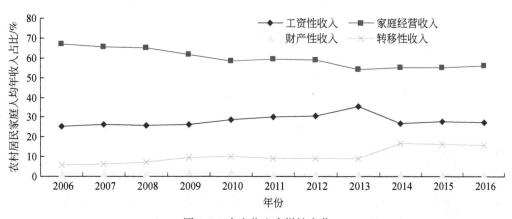

图 9.8　农户收入多样性变化

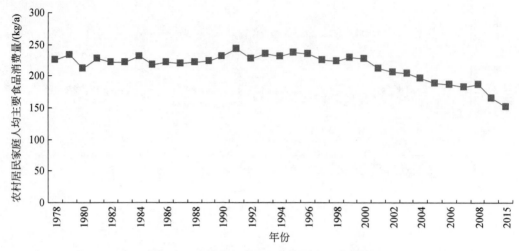

图9.9 农村居民家庭人均主要食品消费量

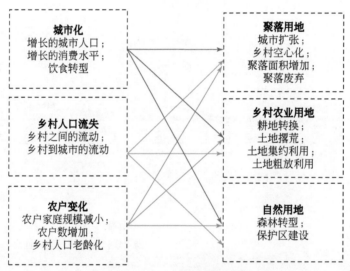

图9.10 乡村人口与土地利用转型的相互作用

资料来源：Chen et al.，2014

9.2.2 生态效应

在土地利用转型过程中，除了以森林为代表的生态用地从退缩扭转为扩张之外，还包括一个与之相反的土地利用变化过程，即以耕地为代表的农地收缩（李升发和李秀彬，2016）。2000~2010年，中国山区县弃耕地估计达147×10^{6}亩，总体上看，包括退耕还林的耕地一起，山区约28%的耕地被弃耕撂荒；预测2010~2030年，随着农村劳动力的减

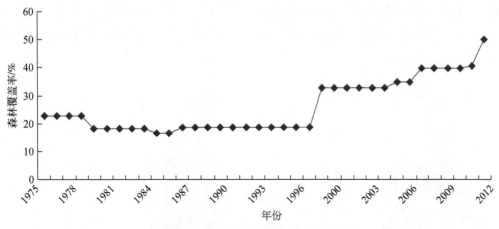

图 9.11 贵州省森林覆盖率的时间变化

少和老龄化，将有 $114 \times 10^6 \sim 203 \times 10^6$ 亩耕地被弃耕（Li et al.，2018）。2000 ~ 2013 年，黄土高原约 54.99% 的区域，主要是黄土丘陵沟壑区和黄土沟壑区，植被有统计学上的明显增加（Cao et al.，2018）。在 2000 ~ 2010 年，高海拔社区植被有较大恢复；2010 ~ 2014 年，低海拔社区植被有较大的增加。农业劳动力流失、经果林种植和能源变化影响了社区尺度的植被变化速率（Zhang et al.，2017）。可以看出，近年来，山区的社会经济变化有着积极的生态效应。

社会经济活动在不同程度地影响着石漠化的发展，尤其是农业活动对石漠化影响显著（王晓帆等，2018）。21 世纪以来，我国石漠化土地面积经历了扩展—逆转—持续减少的变化过程（但新球等，2019），从 2005 年开始，石漠化治理工作已经开始扭转西南岩溶地区石漠化问题恶化的趋势（杜文鹏等，2019），石漠化程度则呈现持续减轻态势。喀斯特区的农业景观内部也在发生变化，如部分坡度较大、容易导致水土流失的草地被有计划地转换为林地（史莎娜等，2018）。岩溶地区生态保护与建设成效日渐显现，区域生态环境状况逐步改善。

9.3 石漠化转型演变案例

9.3.1 研究区概况

本章选择位于贵州省东北的印江土家族苗族自治县、德江县和沿河土家族自治县 3 个县作为研究区，总面积达 6466km²。研究区属隔槽式槽谷地貌，海拔平均 861m，最高

2460m，最低 240m（图 9.12），出露的碳酸盐岩岩石主要有石灰岩和连续性白云岩等（图 9.12）。2017 年印江土家族苗族自治县、德江县和沿河土家族自治县的户籍人口分别为 47 万人、56 万人和 68 万人。

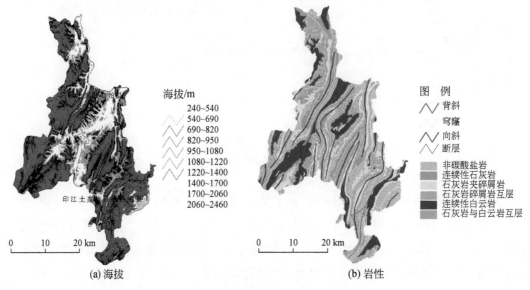

图 9.12　研究区地形和岩性空间分布

在村域尺度，选择位于印江朗溪槽谷的朗溪镇三村村作为研究区。三村村离县城 15km，距离朗溪镇政府所在地 5km，土地面积为 4.73km²（图 9.13）。全村有 8 个自然寨，

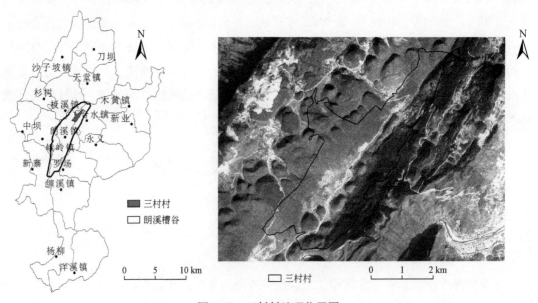

图 9.13　三村村地理位置图

其中竹林、石上、竹小、萧家沟是主要的自然寨，辖 6 个村民组，2019 年全村共 364 户 1080 人。该村属于典型的喀斯特岩溶槽谷地貌，中间低两翼高，海拔在 650～1000m。曾经石漠化比例高达 80%，"开荒开到天，种地种到边，春耕一大坡，秋收几小萝"是三村村的真实写照。如今的土地利用方式，槽谷底部以建设用地、耕地、苗圃园地为主，两翼主要为果园，部分为坡耕地、退耕还林地和林地，土地利用以海拔在 800m 以下为主，800m 以上的耕地普遍弃耕。

9.3.2 研究数据

研究区区域尺度和县域尺度上，喀斯特石漠化数据主要来源于 1973 年 MSS、1999 年 TM、2000 年 TM、2010 年 TM 和 2017 年 TM 影像解译数据。村域尺度数据来源见 8.2.1 节。

9.3.3 研究结果

9.3.3.1 区域尺度

从数量上看，从 1973～2010 年，总体上，研究区石漠化面积比例在减小，无石漠化面积比例上升，潜在石漠化面积比例下降；2010 年后，轻度石漠化面积比例略有增加；研究区强度石漠化占比很低，到 2015 年逐渐消失（图 9.14）。从空间分布上看，从 2000 年，石漠化斑块已逐渐从集中连片分布转向分散化、破碎化（图 9.15），中度石漠化和强度石漠化斑块平均面积下降，无石漠化斑块平均面积明显上升。从石漠化类型转换上看，主要是石漠化类型向无石漠化类型转换（图 9.16）。

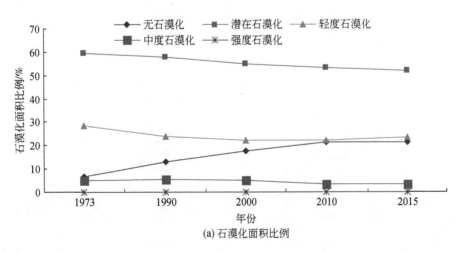

(a) 石漠化面积比例

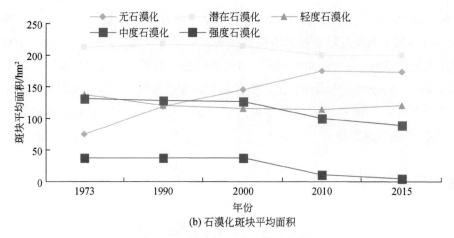

(b) 石漠化斑块平均面积

图 9.14　研究区石漠化数量变化

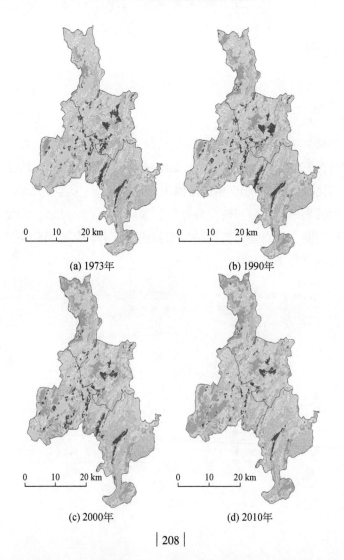

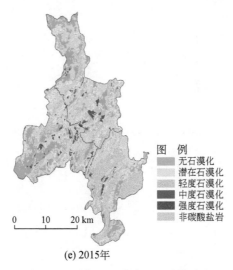

(e) 2015年

图 9.15 研究区石漠化空间分布演变

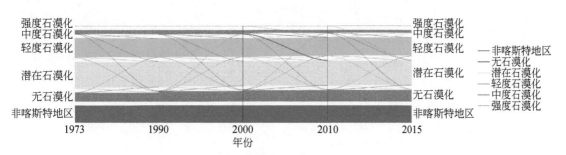

图 9.16 石漠化类型转移变化图

9.3.3.2 县域尺度

印江土家族苗族自治县耕地的扩张与收缩，即其涨落与经济、政策、人口数量都有密不可分的关系（图 9.17）。耕地涨落变化可分为 2 个阶段：耕地扩张阶段（1958～1990年）和耕地萎缩阶段（1990～2016年）。耕地扩张阶段处于生态初期（1958～1973年）破坏和生态中后期（1973～1990年）严重破坏；耕地萎缩阶段则处于生态保护初期（1990～2003年）和生态恢复阶段（2003～2016年）（王萌萌等，2019）。

印江土家族苗族自治县人口与耕地的变化，相应也引起了其石漠化土地数量与空间分布的变化。印江的中度石漠化面积比例不断降低，其斑块平均面积总体上处于下降趋势；2010年后，轻度石漠化面积比例和斑块平均面积略有上升（图 9.18）。印江土家族苗族自治县石漠化主要分布于槽谷区（图 9.19），且近年石漠化逐步退缩于朗溪槽谷（图 9.20）。

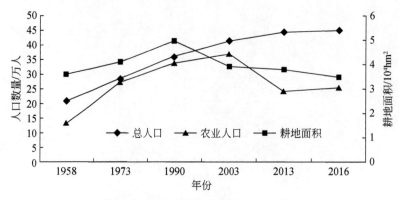

图 9.17　研究区人口与耕地面积相关图

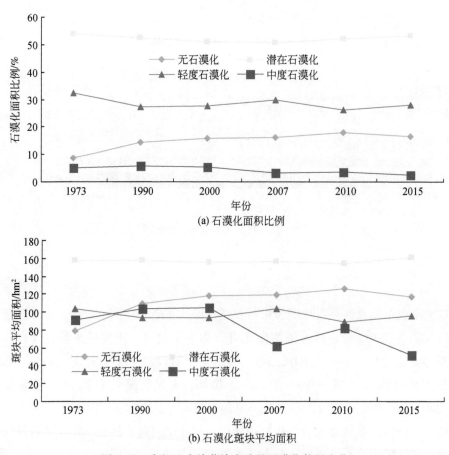

(a) 石漠化面积比例

(b) 石漠化斑块平均面积

图 9.18　印江土家族苗族自治县石漠化数量变化

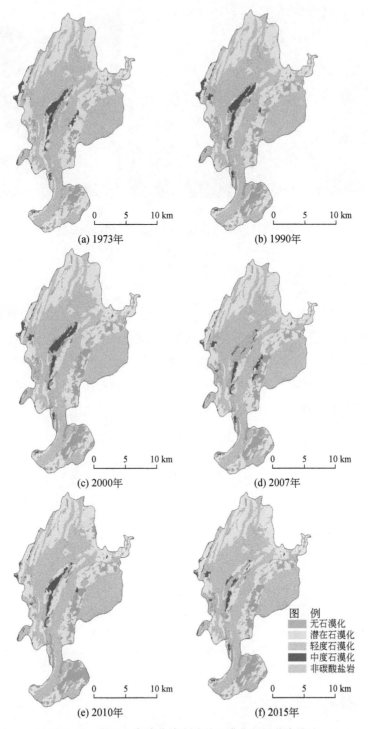

(a) 1973年   (b) 1990年

(c) 2000年   (d) 2007年

图 例
无石漠化
潜在石漠化
轻度石漠化
中度石漠化
非碳酸盐岩

(e) 2010年   (f) 2015年

图 9.19　印江土家族苗族自治县石漠化空间分布演变

(a) 沙子坡　　　　　　　　　　　　　　　(b) 朗溪

图 9.20　印江土家族苗族自治县槽谷石漠化分布照片

9.3.3.3　槽谷尺度

以朗溪槽谷为例，从 1973～2016 年，其轻度、中度石漠化总体上处于下降趋势（图 9.21），而潜在石漠化明显上升（关于朗溪槽谷石漠化时空演变的详细分析见第 8 章，本节不再做详细分析）。石漠化面积比例减少的原因在于，2004～2016 年一系列治理工程的实施加之大量农村劳动力从土地依附中解放出来，使得石漠化程度好转，自然环境得到恢复，生态系统越来越好（陈飞等，2018）。

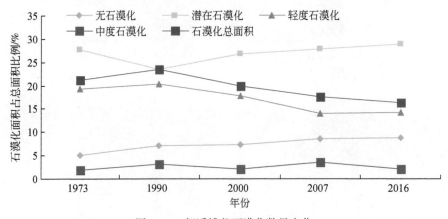

图 9.21　朗溪槽谷石漠化数量变化

9.3.3.4　村域尺度

在三村村，1990 年以来在其户籍人口增长的背景下，其常住人口开始下降（图 9.22），与其对应的是该村坡耕地面积在 2004 年开始明显下降（图 9.22），撂荒地面积逐年增多，坡耕地以萎缩为特征，坡耕地垦殖高程下降（图9.22）。过去三村村粮食作物种植以传统的水稻、玉米、洋芋等为主，经济作物种植以烤烟为主，经果林种植以老品种柑橘为主。经过产业结构调整后，现今三村村农业收入主要包括两部分：以红香柚、保健橘为主要特色种植业的收入和以生态猪、蛋鸡为主的特色养殖业的收入。因此，在村域尺度上，因弃耕撂荒、土地利用强度降低等，研究区三村村整体在变绿（图9.23）。三村村所发生的一系列社会经济变化，导致了三村村石漠化程度减弱（图9.24）。

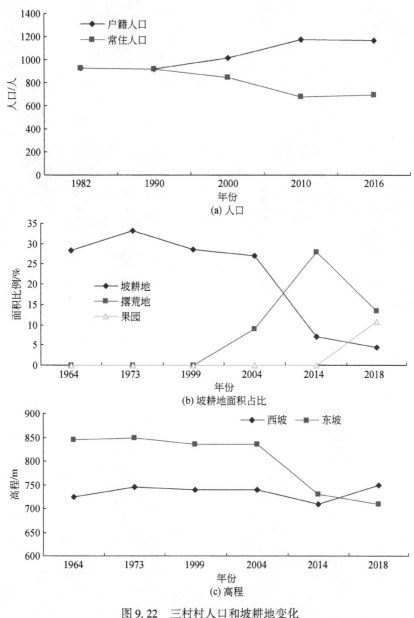

图9.22 三村村人口和坡耕地变化

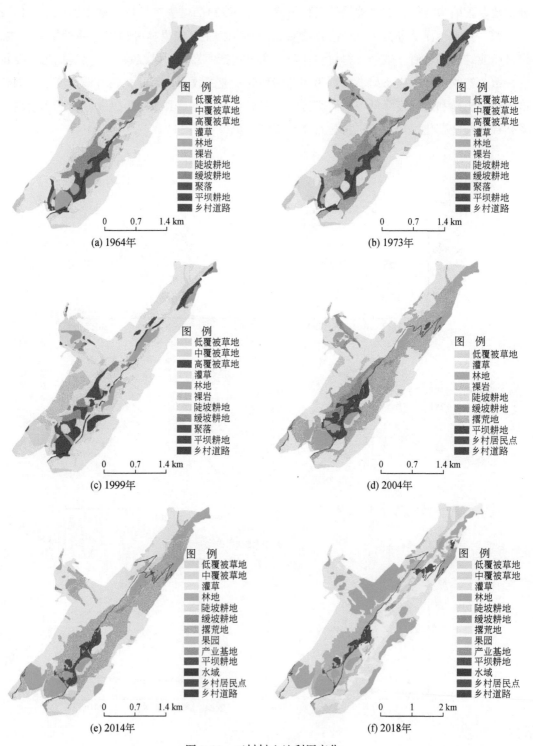

图 9.23　三村村土地利用变化

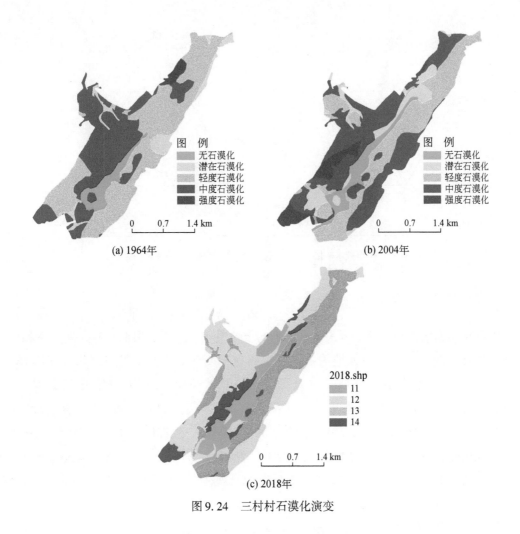

(a) 1964年   (b) 2004年

(c) 2018年

图 9.24 三村村石漠化演变

9.4 讨 论

　　土地系统中的人与环境要素间存在着相互作用（Reynolds et al., 2011），人（H）与环境系统（E）之间的相互关系是动态的，这种动态包括外部驱动力和每一子系统内部功能的不断变化，决策（H→E）生态系统服务（E→H）是子系统间的关键联系（图9.25）。尽管外部驱动力不断变化，但当人与环境系统要素间反馈与相互作用达到平衡时，这些系统便能够协同演化。因此，依托生态系统服务供需、生态资产、多功能景观、生态安全格局等理念，强化土地系统的资源–资本–资产认知，有效识别生产–生活–生态空间，能够为系统认知土地资源提供更有力的方法保障（傅伯杰和刘焱序，2019）。

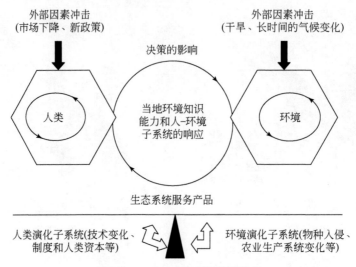

图 9.25　人–环境系统协同演化

　　石漠化是岩溶山地人地关系失衡所发生的土地退化。当岩溶山地乡村人地关系和土地利用发生转型时，岩溶山地人地关系即发生相应的变化。在岩溶槽谷区域（王萌萌等，2019）与岩溶流域猫跳河流域（许月卿等，2010）、岩溶高原面普定县（秦罗义等，2015）、岩溶中山地貌区毕节七星关区（吴宏霞和安裕伦，2012）及岩溶山区坡度大于25°的区域（张跃红和安裕伦，2012），耕地涨落时间段一致都以1990年为分界，1990年之前耕地扩张，1990年之后耕地萎缩，耕地转型明显。实际上，国外岩溶地区的土地利用也发生着类似的涨落变化，几乎无树的石质草地景观在250年间演变成以森林为主的景观（Kaligarič and Ivajnšič，2014）。

　　导致岩溶山地耕地在不同地形条件下呈涨势与落势变化的根本原因是农户生计问题。当社会经济发展水平低下时，农户生计单一，农户首先开垦肥沃、平坦的区域，当这些区域耕地产出不足以养活膨胀的人口时，便会开垦相对贫瘠的土地（曾旱旱等，2011；张佰林等，2016），故此时耕地扩张明显。社会经济发展水平高的情况下，农户生计来源丰富，对耕地资源依赖程度降低。此时由于地块破碎、坡度大、耕作半径大及生态脆弱等自然条件限制难以实现机械化（张佰林等，2018），且耕地带来的收益远低于其他收益，耕地萎缩明显。

　　岩溶山地平地、坝地少，坡地多，耕地资源较为缺乏，加之其经济发展水平与政策实施程度使得其耕地的涨落规律有所不同，反映了岩溶山地不同地貌类型区不一样的土地资源赋存特点和人地关系演变进程，影响着岩溶山地石漠化的发生与发展。因此，可以把石漠化的发生发展和社会经济的关系归纳为如下3个阶段。

　　1）石漠化发展前期：岩溶山地农村以粮为主，坡耕地扩张，石漠化相应不断增加。

2）石漠化发展中期：岩溶山地农村退耕还林，坡耕地退耕撂荒而发生收缩，石漠化面积比例在数量上下降，在空间分布上收缩。

3）石漠化发展近期：石漠化在总体退缩的背景下，岩溶山地在低海拔地区，在项目、政策等因素的驱动下，坡耕地转型利用扩张，发生经果林进而草坡地退的现象；而在高海拔地区由于外出人口的增多，村寨逐渐衰落，表现出撂荒草坡地增多的景象。岩溶山地社会经济背景变化和乡村人地关系转型驱动着岩溶山地石漠化由净增加向净减少转型演变。

9.5　本章小结

在前人研究的基础上，本章对石漠化的发生机制和演变途径重新进行了梳理，并在深入分析当前社会经济背景变化基础上，对石漠化的未来演变趋势进行了预测。同时进一步以贵州东北的槽谷区域为例，在区域尺度、县域尺度、槽谷尺度和村域尺度上探讨石漠化时空演变，验证本研究提出的石漠化演变转型理论。

参 考 文 献

陈飞，周德全，白晓永，等．2018．典型喀斯特槽谷区石漠化时空演变及未来情景模拟［J］．农业资源与环境学报，35（2）：174-180.

但新球，吴照柏，吴协保．2019．近 15 年中国岩溶地区石漠化土地动态变化研究［J］．中南林业调查规划，38（2）：1-7.

杜文鹏，闫慧敏，甄霖，等．2019．西南岩溶地区石漠化综合治理研究［J］．生态学报，39（16）：5798-5808.

傅伯杰，刘焱序．2019．系统认知土地资源的理论与方法［J］．科学通报，64（21）：2172-2179.

戈大专，龙花楼，乔伟峰．2019．改革开放以来我国粮食生产转型分析及展望［J］．自然资源学报，34（3）：658-670.

李升发，李秀彬．2016．耕地撂荒研究进展与展望［J］．地理学报，71（3）：370-389.

李玉恒，阎佳玉，武文豪，等．2018．世界乡村转型历程与可持续发展展望［J］．地理科学进展，37（5）：627-635.

龙冬平，李同昇，苗园园，等．2014．中国农村人口非农化时空演变特征及影响因素［J］．地理科学进展，33（4）：517-530.

秦罗义．2015．近 40 年来贵州高原典型区土地利用变化及驱动机制［J］．山地学报，9（5）：619-628.

史莎娜，李晓青，谢炳庚，等．2018．喀斯特和非喀斯特区农业景观格局变化及生态系统服务价值变化对比——以广西全州县为例［J］．热带地理，38（4）：487-497.

宋小青．2017．论土地利用转型的研究框架［J］．地理学报，7（3）：471-487.

王萌萌，李阳兵，李珊珊．2019．岩溶槽谷区耕地涨落时空特征与驱动机制［J］．自然资源学报，

34 （3）：510-525.

王晓帆，许尔琪，张红旗，等 . 2018. 贵州土地石漠化变化及社会经济活动的影响分析 ［J］. 中国生态农业学报，26 （12）：1908-1918.

吴宏霞，安裕伦 . 2012. 基于 GIS 的土地利用动态变化分析——以毕节市七星关区为例 ［J］. 贵州师范大学学报，30 （3）：18-21.

许月卿 . 2010. 西南喀斯特山区土地利用/覆被变化研究——以贵州省猫跳河流域为例 ［J］. 资源科学，32 （9）：1752-1760.

曾早早，方修琦，叶瑜 . 2011. 基于聚落地名记录的过去 300 年吉林省土地开垦过程 ［J］. 地理学报，66 （7）：985-993 .

张佰林，蔡为民 . 2016. 隋朝至 1949 年山东省沂水县农村居民点的时空格局及驱动力 ［J］. 地理研究，35 （6）：1141-1150.

张佰林，高江波，高阳，等 . 2018. 中国山区农村土地利用转型解析 ［J］. 地理学报，73 （3）：503-517.

张跃红，安裕伦 . 2012. 1960 ~ 2010 年贵州省喀斯特山区陡坡土地利用变化 ［J］. 地理科学进展，31 （7）：878-884.

Cao Z, Li Y R, Liu Y S, et al. 2018. When and where did the Loess Plateau turn "green"? Analysis of the tendency and breakpoints of the normalized difference vegetation index ［J］. Land Degradation & Development, 29：162-175.

Chen R S, Ye C, Cai Y L, et al. 2014. The impact of rural out-migration on land use transition in China：Past, present and trend ［J］. Land Use Policy, 40 （4）：101-110.

Kaligarič M, Ivajnšič D. 2014. Vanishing landscape of the "classic" Karst：changed landscape identity and projections for the future ［J］. Landscape and Urban Planning, 132：148-158.

Lambin E F, Meyfroidt P. 2010. Land use transitions：Socio-ecological feedback versus socio-economic change ［J］. Land Use Policy, 27 （2）：108-118.

Li S F, Li X B, Sun L X, et al. 2018. An estimation of the extent of cropland abandonment in mountainous regions of China ［J］. Land Degradation & Development, 29 （5）：1327-1342.

Liao C J, Yue Y M, Wang K L, et al. 2018. Ecological restoration enhances ecosystem health in the Karst regions of southwest China ［J］. Ecological Indicators, 90：416-425.

Liu Y S, Wang J Y, Deng X Z. 2008. Rocky land desertification and its driving forces in the Karst ares of rural Guangxi, Southwest China ［J］. Journal of Mtountain Science, 5：350-357.

Reynolds J F, Grainger A, Smith M S, et al. 2011. Scientific concepts for an integrated analysis of desertification ［J］. Land Degradation & Development, 22：166-183.

Wang J Y, Xin L J, Wang Y H. 2019. Economic growth, government policies, and forest transition in China ［J］. Regional Environmental Change, 19：1023-1033.

Xu E Q, Zhang H Q, Li M X, et al. 2013. Mining spatial information to investigate the evolution of Karst rocky desertification and its human driving forces in Changshun, China ［J］. Science of The Total Environment,

458-460；419-426.

Yang Q Y, Jiang Z C, Yuan D X. 2014. Temporal and spatial changes of Karst rocky desertification in ecological reconstruction region of Southwest China ［J］. Environmental Earth Sciences, 72：4483-4489.

Zhang J Y, Dai M H, Wang L C, et al. 2016. Household livelihood change under the rocky desertification control project in Karst areas, Southwest China ［J］. Land Use Policy, 56：8-15.

Zhang Z M, Zinda J A, Li W Q. 2017. Forest transitions in Chinese villages：Explaining community- level variation under the returning forest to farmland program ［J］. Land Use Policy, 64：245-257.

第 10 章 | 乡村振兴战略下的石漠化治理转型探讨

中国人地关系演变的实质就是人影响"地"的主动性不断增强的过程，而这主要表现为人类开发利用自然能力的增加和对生存环境认知水平的提高，加快技术研发和生产方式转型仍是缓解现代人地矛盾的重要途径（李小云等，2018）。经过第一阶段石漠化的治理，中国西南岩溶山地石漠化扩张势头得到了有效遏制。因此，当前西南喀斯特石漠化地区研究工作的重心由原先的发生背景、影响因素、机制和机理等方面转变为石漠化治理和植被修复（戴全厚和严友进，2018）。乡村振兴战略内涵包括了从城乡一体化发展转向坚持农业农村优先发展、从推进农业现代化转向推进农业农村现代化、从生产发展转向产业兴旺等（蒋永穆，2018）。把石漠化治理和乡村振兴结合起来，探讨乡村振兴战略下的石漠化治理，探讨两者相互促进的模式，对于从源头上切断石漠化发生的根源，推动岩溶山地石漠化的深度治理和乡村振兴都具有重要意义。

10.1 西南岩溶山地乡村问题和乡村振兴

10.1.1 西南岩溶山地乡村问题

当前乡村发展面临的根本问题是由长期的"重城轻乡"导致的"城进村衰"和日益严峻的"乡村病"问题，乡村振兴是相对于农村衰落而言的。农村衰落主要表现为农村居住人口过度减少而导致"空心化"现象，同时伴以居住人口和农业从业人口"老龄化"现象，以及产业发展乏力和贫困问题。石漠化的根源是岩溶山地生态脆弱和乡村贫困片区的深度贫困化。因此，岩溶山地乡村问题和石漠化的发生有着共同的诱发因素，乡村振兴强调产业兴旺、生活富裕、生态宜居等 5 个目标，不但有力推动农村现代化，也极大地促进了石漠化的治理。

乡村问题存在的根本原因在于中国现代化进程中，农业人口的城镇化和农业劳动力转移不可能一蹴而就。中国的特殊国情和中国在未来二三十年发展中的阶段性特征决定了我们在现代化的进程中，不能忽视农村，不能忽视农业，不能忽视农民（陈锡文，2018）。乡村仍然存在大量的小农户，应推动小农户在农业现代化的进程中融入现代农业的发展中，使其与现代农业有机衔接，成为现代农业的组成部分。通过农村第一、第二、第三产业融合，通过新产业、新业态的发展，在农村能给小农户创造主要不依赖于耕地，但同时又不必进城搞务工经商的就业机会，是乡村振兴和石漠化治理中所必须面对的问题。面向生态文明新时期的建设目标，石漠化脆弱区仍存在人地矛盾难以全面消除、治理成果可持续性亟待提升等问题，石漠化防治需要从多年来石漠化治理研究与实践探索积累中汲取有益于促进人地和谐、提升生态系统可持续性的治理经验与做法（杜文鹏等，2019）。要解决这个问题，一个主要途径就是要引导新型经营主体通过股份合作、产业化经营、社会化服务等方式，带动小农发展现代农业，共同分享现代化成果。

10.1.2 岩溶山地石漠化与乡村转型演变

石漠化扩张趋势已初步得到遏制，本书在第 8 章和第 9 章分析了岩溶山地石漠化已由扩张阶段转向收缩阶段，呈现出总体萎缩背景下的多样化演变态势。石漠化发生根源的彻底消除和治理必须要和乡村振兴结合起来。石漠化演变转型是社会经济转型期，尤其是乡村转型发展的一个缩影，影响着石漠化治理模式的选择。在石漠化总体呈现萎缩背景下，岩溶山地乡村普遍出现了空心化和老龄化，不仅影响乡村产业发展与公共服务供给，还严重影响乡村经济社会发展的可持续性，降低了乡村地域系统应对外界发展环境变化与挑战的弹性，加剧了乡村发展的不稳定性和脆弱性。但同时这种现象客观上也使岩溶山地土地的人口压力减小，出现坡耕地撂荒等生态效应，这也正是石漠化治理介入的一个良好契机。

与此同时，岩溶山地也正在发生着以森林转型为表现特征之一的土地利用转型，促进了岩溶山地乡村地区向生态宜居、产业发展和收入增加演变（赵宇鸾等，2018），也就是说，岩溶山地的土地利用转型将促进乡村振兴战略的实施，激发岩溶山地乡村走向多途径演变（图 10.1）。

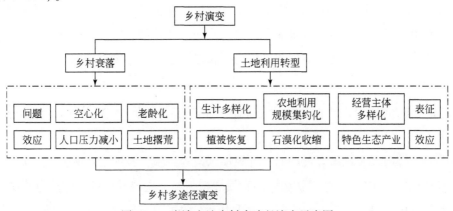

图 10.1 岩溶山地乡村多途径演变示意图

10.1.3　当前岩溶山地乡村振兴的路径

乡村振兴强调因地制宜、分类指导，着力耦合不同类型地域的人-地-业-财系统要素。乡村振兴在操作上需要立足不同类型乡村地域差异性、发展阶段性，优化构建乡村地域城-镇-村空间组织，形成相对合理的空间体系（刘彦随，2018）。科学把控乡村转型发展过程，分区、分类、分级制定实施乡村振兴与可持续发展路径，从经济、社会、环境等方面综合打造乡村振兴极，提升乡村地域系统应对外界发展环境变化与冲击的能力，即乡村弹性（李玉恒等，2018）。实现乡村振兴的土地利用转型路径主要包括重构乡村生产空间实现产业振兴，重构乡村生态空间实现生态振兴，重构乡村生活空间实现组织和文化振兴（龙花楼和屠爽爽，2018）。应在农村地区大力发展各类生产性、生活性服务业，尤其是有助于发挥乡村宜居、休闲、康养等功能的产业，发掘乡村集体和家庭积累财产的"金山银山"，让乡村居民更多地获得不动产经营收入（张强等，2018）。应鼓励农牧业现代化发展，同时加速全域旅游建设；应该加强对旅游产业和相关配套产业的建设力度，利用旅游产业开发的相关需求带动当地水土治理工作，促进经济发展、生态效益的和谐发展（苏攀达等，2018）。强调乡村地域"人-地-业"耦合发展，构建符合地域特色与发展阶段性特征的乡村地域系统，提升乡村地区应对外界发展环境变化与挑战的能力（李玉恒等，2019a）。研判不同地域农户生计方式及农民收入问题，诊断识别农民收入增速减缓的影响因素，系统提出提升农户生计水平，促进农民稳定增收的实施路径（李玉恒等，2019b）。

通过在岩溶山地大力发展现代山地特色高效农业，因地制宜选择好发展产业，培育壮大新型农业经营主体等多种措施和手段，传统上以农业生产和农业工作者居住为主的"农村"，就逐步演变成为产业多样化和居住人口职业多样化的"乡村"，传统上较为单一性的农村功能也逐步演进成为具有农业和其他产业的生产功能，宜居、休闲、生态等多功能的乡村。产业、职业及功能的多样化，推动了农村社会重新焕发出新的活力。

10.2　新时代乡村振兴战略与背景下的石漠化治理模式

中国的乡村振兴实践没有现成的、可照抄照搬的经验，只能在不断探索、深入实践中前进（李裕瑞等，2019）。依托优势资源，发展特色产业是提升乡村内生动力的重要抓手，有利于激活乡村人口、土地、产业等要素活力。在中国西南岩溶山地，当前并未强调在乡村振兴发展的背景下来考虑石漠化治理。石漠化治理不能仅局限于"山水田林路",而应在乡村振兴发展和土地利用转型的大视角下来考虑,促进农村资源变资产和农户生计多样化,推动规模化、专业化和精细化的特色生态产业形成,从而实现生态和经济双赢,实现乡村振兴和石漠化彻底治理的目标。可喜的是,在西南岩溶山地,已经自觉或不自觉地出现了结合乡村振兴的石漠化治理模式,提出了喀斯特地区特色生态衍生产业培育方向(王克林等,2018)。下面仅以贵州贞丰花江峡谷、印江朗溪槽谷和普定梭筛河谷为例加以总结。

10.2.1 花江峡谷石漠化治理模式

位于贵州省贞丰县和关岭县之间的花江峡谷曾经石漠化非常严重(李阳兵等,2004)。从 20 世纪 90 年代末期起,当地政府与农户充分利用当地的低热河谷气候和地质地貌条件,重点发展以下三种产业(图 10.2)。

1)特色种植:利用当地地热河谷气候,推广当地特有的顶坛花椒品种,形成规模化花椒种植,打破了在石沟、石缝的石旮旯土里种玉米越种越穷的循环,实现农业增值、农民增收,并遏制了石漠化的扩张。

2)石材开采:因地制宜,开采当地的浅变质石灰岩。石材开采既增加农户收入,又在局部上改变了凹凸不平的地表。

3)乡村旅游:随着基础设施不断完善,近年来利用当地的峡谷风光、岩溶地貌特色,发展乡村旅游,使当地变得更宜居(图 10.3)。

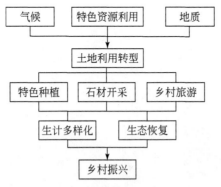

图 10.2 花江峡谷区石漠化治理模式

图 10.3　花江峡谷区乡村旅游照片

10.2.2　朗溪槽谷石漠化治理模式

为解决"种红薯，挖疙蔸"等传统种植创收难的突出问题，贵州省印江县朗溪槽谷村民根据修整后的土地特色和灌溉能力，调整种植结构，形成了以发展经果林产业为主、种养殖相结合的特色高效农业发展结构（图 10.4）。采取"扶持大户、引领散户、连片种植"的方式，引导群众在荒山上大面积种植大红桃、柑橘（药柑）、红心柚、李子、蜜橘等经果林。采取"合作社+基地+农户"模式，引导单家独户经营销售向"抱团入市"的发展转变。在此基础上，按照"经果林园区景区化、农旅一体化"思路，大力发展乡村生态旅游，建设农家乐，开发特色旅游商品，开展现场采摘果子的体验式休闲，延伸经果林产业链条。以此，让贫瘠的荒山变成生机盎然的绿色产业园、绿色银行，成为促进当地群众脱贫致富的绿色家园。

图 10.4　朗溪槽谷石漠化治理

10.2.3 梭筛河谷石漠化治理模式

1988 年，位于贵州省普定县的梭筛河谷动工修建水电站，梭筛农户被迫退上山腰，良田好地被淹，仅余 86 亩陡、瘦、散、远的石旮旯地。大部分村民选择绝地求生，用钢钎、大锤等工具凿石造地，从被淹没的田里背泥土，把岩石窝和岩石缝填满，用来种桃树（图 10.5）。在 2003 年后，县政府投入上千万元资金为梭筛硬化入村公路、修建农田水利等，梭筛人依然与石做斗争，用车从外面拉来泥土、填石造地。现在，梭筛桃种植面积 3000 多亩，辐射周边村寨上万亩，人均年收入达 1.5 万元。2012 年，梭筛十几家种桃大户自筹注册资金 120 万元，在镇政府的帮助下，建起"梭筛种植专业合作社"，利用大搞农业结构调整的良好契机，根据气候、土壤、地理情况，引进樱桃、李子、梨、葡萄、花椒等经果种苗，按片区栽种，力争一年四季均有优质水果卖。

图 10.5 普定梭筛村石漠化治理

10.2.4 讨论

贞丰花江峡谷、印江朗溪槽谷和普定梭筛河谷三地的乡村发展与石漠化治理模式存在着共同性，即其出发点和着手点并不局限于石漠化本身，而是通过生态产业的发展，带动农户增收和乡村振兴，从而推动所在地区石漠化的全面治理。其石漠化治理创新特点可总结如下：①与土地整治相结合，充分利用当地特色的自然资源和自然地理环境；②生态产业形成了一定的规模，综合发展；③自下而上和自上而下相结合，众多农户参与和得益，乡村得以振兴；④石漠化治理与发展经济相结合促进群众致富，实现生态和经济双赢，使山坡变绿，使石漠化面积收缩；⑤石漠化治理与乡村旅游结合，建设美丽乡村；⑥宏观层面、中观层面和微观层面相结合，提供乡村振兴外援力和激发乡村振兴内生力相结合。

三个地点石漠化治理的上述特色与创新，一定程度上可为西南岩溶山地其他区域石漠化治理提供参考。

10.3　本章小结

我们认为，在石漠化治理过程中，需要和乡村振兴结合起来，以特色生态及其衍生产业作为引领，需要鼓励和引导民众"自下而上"的主观能动性，通过创新发展方式，不断提升农业经营效益与农户收入水平，增强乡村发展内生动力；在乡村全面振兴的基础上，彻底消除石漠化发生的根源。

参 考 文 献

陈锡文．2018. 实施乡村振兴战略，推进农业农村现代化［J］. 中国农业大学学报（社会科学版），35（1）：5-12.

戴全厚，严友进．2018. 西南喀斯特石漠化与水土流失研究进展［J］. 水土保持学报，32（2）：1-10.

杜文鹏，闫慧敏，甄霖，等．2019. 西南岩溶地区石漠化综合治理研究［J］. 生态学报，39（16）：5798-5808.

蒋永穆．2018. 基于社会主要矛盾变化的乡村振兴战略：内涵及路径［J］. 社会科学辑刊，（2）：15-21.

李小云，杨宇，刘毅．2018. 中国人地关系的历史演变过程及影响机制［J］. 地理研究，37（8）：1495-1514.

李阳兵，王世杰，李瑞玲，等．2004. 花江喀斯特峡谷地区石漠化成因初探［J］. 水文地质工程地质，（6）：37-42.

李玉恒，阎佳玉，武文豪，等．2018. 世界乡村转型历程与可持续发展展望［J］. 地理科学进展，37（5）：627-635.

李玉恒，阎佳玉，宋传垚．2019a. 乡村振兴与可持续发展——国际典型案例剖析及其启示［J］. 地理研究，38（3）595-604.

李玉恒，宋传垚，阎佳玉，等．2019b. 转型期中国农户生计响应的时空差异及对乡村振兴战略启示［J］. 地理研究，38（11）：2595-2605.

李裕瑞，曹智，龙花楼．2019. 发展乡村科学，助力乡村振兴——第二届乡村振兴与乡村科学论坛综述［J］. 地理学报，74（7）：1482-1486.

刘彦随．2018. 中国新时代城乡融合与乡村振兴［J］. 地理学报，73（4）：637-650.

龙花楼，屠爽爽．2018. 土地利用转型与乡村振兴［J］. 中国土地科学，32（7）：1-6.

苏攀达，丁镭，曾克峰．2018. 武陵山脉核心区石漠化演变及其经济驱动机制——基于贵州铜仁的实证检验［J］. 水土保持研究，25（2）：195-200.

王克林，陈洪松，曾馥平，等．2018. 生态学环境研究治理支撑与喀斯特区域科技扶贫［J］. 中国科学院院刊, 33 (2)：213-222.

张强, 张怀超, 刘占芳. 2018. 乡村振兴：从衰落走向复兴的战略选择 [J]. 经济与管理, 32 (1)：6-11.

赵宇鸾, 葛玉娟, 旷成华, 等. 2018. 乡村振兴战略下贵州山区森林转型路径研究 [J]. 贵州师范大学学报 (自然科学版), 36 (1)：1-7.

第 11 章 | 结论与研究展望

11.1 研 究 结 论

本书构建了喀斯特石漠化发生-发展与转型演变的理论研究框架。以西南岩溶山地脆弱生境典型区县和典型流域作为研究案例，基于研究区遥感影像资料、局部地区高精度影像及野外踏勘实测数据等长时间序列数据源，本书深入探讨石漠化评价方法及其长期演变趋势。在反映案例区石漠化时空演变特征的同时，揭示了社会经济背景转型与石漠化转型演变的耦合关系，探讨了乡村振兴战略下的石漠化治理转型。本书在以下方面取得了研究进展：

1）从岩溶生态系统的定义开始，剖析了岩溶生态脆弱性的特点，并以地中海岩溶生态系统与中国西南岩溶生态系统为例进行了对比。

2）探讨了石漠化的由来和对石漠化概念认识的演变，构建了耦合自然、人文驱动因素的喀斯特石漠化形成系统模型。

3）总结了关于石漠化类型划分的研究进展，讨论了土地利用、土地覆被与石漠化的相关性，提出了生态建设中的喀斯特石漠化分级方案，并指出石漠化分类应由土地景观指标向土地功能特性转变。

4）运用石漠化综合指数，从区域尺度和网格单元尺度探讨了石漠化评价方法，并进一步提出根据石漠化斑块的行为动态进行石漠化分类与评价。

5）以盘县及其部分区域和后寨河为例，探讨了县域尺度和典型地貌单元的石漠化演变轨迹，并在此基础上进行了石漠化成因的差异性定量研究。

6）定量研究了贵州省盘县中南部峰丛洼地典型石漠化地区不同岩性的土地利用分布规律和不同土地利用类型的石漠化发生率，发现不同土地利用类型的石漠化发生率与岩性存在明显的相关关系；指出喀斯特石漠化土地的土地利用成因类型与恢复治理模式密切相关。

7）提出不同的石漠化格局代表不同的土地退化阶段，也影响到石漠化土地治理恢复模式的选择；提出峰丛洼地景观演变分为低土地利用强度潜在石漠化阶段、土地利用转型低石漠化强度生态恢复阶段和不合理土地利用石漠化严重阶段。

8）探讨了在社会经济背景多重变化下的岩溶石漠化演变趋向等科学问题，提出中国西南岩溶山地石漠化演变可划分为增加阶段、下降阶段和多样化演变阶段。

9）对石漠化的发生机制和演变途径进行了重新梳理，并在深入分析当前社会经济背景变化基础上，对石漠化的未来演变趋势进行了预测，提出了石漠化演变转型理论。

10）提出把石漠化治理和乡村振兴结合起来，探讨乡村振兴战略下的石漠化治理及二者相互促进的模式。

11.2　主要创新点与研究不足

本书的主要创新点主要体现在以下几个方面：①提出了对石漠化概念的新认识；②构建了石漠化发生-发展演变理论；③揭示了石漠化演变的转型现象；④提出了峰丛洼地石漠化景观演变模式。

在本书写作过程中，也发现了一些问题需要进一步深入研究。例如，本书更多的是把石漠化土地看成一个个的空间斑块，突出了斑块的空间行为特征，但对石漠化土地斑块内部的功能和生态服务价值演变则研究不足；同时，关于农户自身诉求和国家相关政策对石漠化演变的影响研究也存在不足。另外，本书仅就贵州省岩溶山地石漠化时空演变、驱动机制及其生态效应作了较为全面的研究，缺乏更大范围的比较研究。

11.3　展　　望

以下方面仍需做进一步研究：①从农户尺度，开展石漠化演变和农户生计多样性及乡村人口变迁的关系研究；②在中国整体变绿的大背景下，岩溶石漠化生态建设工程的生态服务功能效应及其作用机制研究；③生产-生活-生态空间视角下岩溶山地乡村地域功能转型与石漠化转型演变的耦合关系研究；④远距离人类系统之间的社会经济相互作用，如工业化、城镇化背景下岩溶山地特色、新型乡村的形成对石漠化演变的影响研究；⑤基于岩溶山地区域自然背景和社会经济条件的差异性，提炼岩溶山地石漠化综合防治地域模式。